ちくま学芸文庫

ゲルファント　やさしい数学入門

関数とグラフ

I.M.ゲルファント
E.G.グラゴレヴァ
E.E.シノール
坂本 實 訳

筑摩書房

И. М. Гельфанд, Е. Г. Глаголева, Э. Э. Шноль
ФУНКЦИИ И ГРАФИКИ
(ОСНОВНЫЕ ПРИЕМЫ)
Изд. 8

目　次

第4章 2次関数

第5章 1次分数関数

第6章 べき関数

第7章 多項式関数

第８章　有理関数

ゲルファント　やさしい数学入門

関数とグラフ

読者のみなさんへ

本書『関数とグラフ』は，初版が今からおよそ40年前に，もっぱら通信教育用として書かれました．当時は数学への関心がそれまでになく高まり，モスクワ大学力学数学部へ入学するための競争は，いっそう激しくなりました．そのため数学教室が新設され，また通信教育も始まりました．

ところが，この方式の学習は大都市の「恵まれた」少数の生徒しか受けることができないため，有能で数学に興味のある若者たちが——もちろん，そういう若者はどこにもいるのですが——不満をもっていることがわかりました．数学がどんなに面白く，また美しいものであるかを生徒に伝えることができる教師は，確かにどこにでもいるわけではありません．

そこで1966年に，それまでにはなかったまったく新しい学習機関として「通信制数学学校」（ZMSh）が開設されました．創設者の意図は，学習の際に必要な援助を，きちんと整えられた専門的なものにし，住んでいる場所に関係なくどの生徒にも与えられるようにすることでした．

通信教育は柔軟性があることが特徴です．才能に恵まれている子供だけのものでもなく，生徒に専門教育を与える義務もなく，受講生は家族と離れて通学することもなくてよいのです．

創設からほぼ40年が過ぎた今では，この学校は「通信制多学科学校」（VZMSh）と呼ばれるようになっています．略称の中のMは数学（英語ではmathematics）のMではなく，多学科（英語ではmultidisciplinary）のMを意味するようになったのです．この学校では生物学，化学，文学などの科目も学ぶことができます．

これまでにVZMShで学んだ生徒は何千人にものぼります．そしてその実績が示している通り，通信教育は勉強の補助を得られない地域に暮らしている生徒にとっての集団的・個別学習の効果的な方法であると言えます．VZMShで高い水準の学力を獲得できるのは，学習範囲を広げることよりも，基本的事項をより深く多面的に学ぶようにしているからです．

VZMShが生徒に与えようとするものは，何かのテーマについての広い知識だけではなく，本によって自ら学ぶ力，自分の考えを文章で述べる力であって，系統だった知的活動ができるようにすることです．このことを強調しておきます．

通信学校のための教材を作成することはVZMShの重要な仕事であり，この教材が学生の学習にとって大きな役割を果たします．教材は大量の部数で版を重ねて出版されています．また，「物理数学教室文庫」シリーズ発足

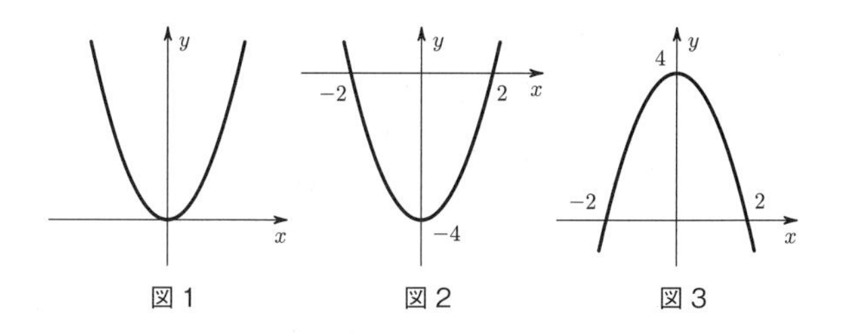

図1　図2　図3

の契機ともなりました．本書『関数とグラフ』はそのシリーズの一冊として刊行されたものであって，中学・高校の最も重要で興味あるテーマに関するものです．ここで，VZMSh の創設者であり指導者でもあった，現代最高の数学者のひとり故 I. M. ゲルファントがこのテーマについて書かれたものを紹介します．

グラフを描くことは，数式と文章を幾何学的な形に移すことを意味します．数式と関数を目に見えるようにすることで，これらの関数がどんな振る舞いをするのか調べることができるようになります．たとえば，$y=x^2$ と書かれた式を見ると，放物線がすぐに目に浮かぶでしょう（図1）．また，$y=x^2-4$ と書かれれば，前の図1の放物線を垂直方向に移動させた放物線が目に浮かぶでしょう（図2）．さらにまた，式 $y=4-x^2$ を見ると，最初の放物線を垂直に反転させた放物線が目に浮かぶことでしょう（図3）．

数式を見ると同時にそれを幾何学的に解釈できるこの

ような力は，数学を学ぶだけでなく他のことにおいても重要です．この技能は，自転車に乗ること，タイプを打つこと，自動車を運転することなどと同じで，一度身につければ生涯忘れることがありません．

私たちはこの学校の卒業生が全員数学者になるなどとは思っていません．ただ，みなさんがどんな仕事を選ばれようとも，この本で学んだことが間違いなく役に立つことと確信しています．I. M. ゲルファントは，彼自身がアメリカにおいても組織した通信制学校[1]の学生に向けて「私たちは，数学は文化を構成する重要なもののひとつであると考えます」と述べています．

全ロ通信制学校　数学科組織委員会

1）［訳注］ゲルファント（1913-2009）は 1989 年にアメリカに移住して大学教授となり，1992 年に「ゲルファント・アウトリーチ・プログラム」をロシアの通信学校に似た機関として組織しました．

第6版への序文

この本の旧版は，1973年に「ナウカ出版」から出版されました．

今回の第6版[2]では，著者たちが気づいたミスや，読者から指摘されたかなりの数の誤りを訂正しました．

本文における主な修正点や追加は次の通りです．まず，多項式関数のグラフに関する「第7章　多項式関数」と「あとがき」を書き足しました．また，「はじめに」の記述も補足しました（座標軸の縮尺の決定について）．

順序を改めた部分もあります．たとえば，「奇関数」についての説明は第6章ではなく第5章に入れました．

また，すべての例題と練習問題を見直し，適宜削除・変更・追加を施しました．そして，この本では特に大切である図についても見直しを行いました．

E. G. グラゴレヴァ，E. E. シノール

2）［訳注］この訳本は2010年出版の原書第8版からの翻訳です．第9版（増刷）が2015年に出版されています．

はじめに

図 0.1 の 2 つの線は地震計が描いたものです．地震計は地面の揺れを記録する装置で，地震がないときには上の線のようになり，地震が起こると下の線のようになります．

図 0.2 の 2 つの線は心電図です．上の線は健康で異常のない心臓の鼓動を，下の線は心臓病患者の心臓の鼓動を記録したものです．

図 0.3 はある半導体を流れる電流と電圧の関係を表し

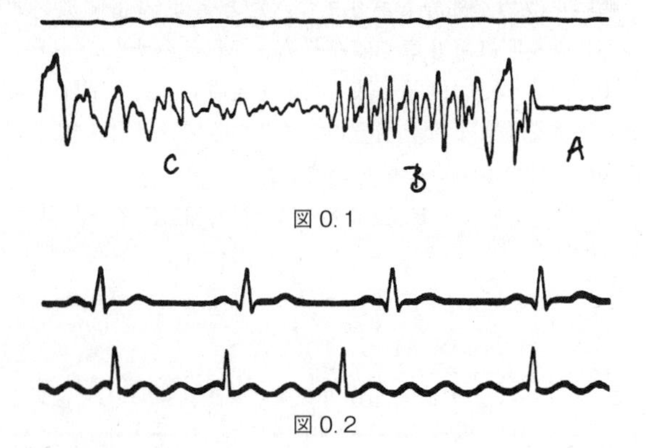

図 0.1

図 0.2

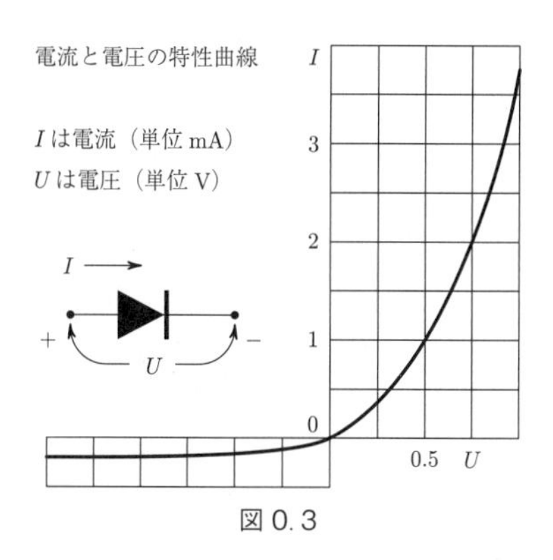

図 0.3

た線で，「半導体の特性曲線」と呼ばれます．

地震学に関わりのある人にとっては，地震計の記録を調べるだけで，地震がいつどこで起こり，揺れの大きさや特徴がどのようなものであったかがわかります．医者は，心電図を見れば患者の心臓の動きに異常があるかどうかがわかり，心電図をさらに詳しく調べることで，正確な病名がわかります．電気技術者は，半導体の特性曲線を調べることによって，作業に最も適した状況を選ぶことができます．この人たちはみなグラフを見て，そのグラフのもとになっている関数の特徴について調べているのです．

それでは，「関数」や「関数のグラフ」とはそもそも何なのでしょうか．

グラフを厳密に定義する前に，「関数とは何か」を言葉で述べることにします．数学では**独立変数**（あるいは単に

「変数」）と呼ばれる量——一般に文字 x で表します——があって，この量の1つ1つの値に対応して別の量 y の値が1つ定まるとき，「関数が与えられている」といいます．この量 y を，量 x の**関数**といいます．

たとえば，地震中の時刻を1つ決めると，その時刻における地震の大きさが1つに定まります．だから，地震の大きさは時間の関数であると言えます．また，半導体を流れる電流の強さは電圧の関数です．電圧の1つ1つの値ごとに，電流の強さが定まるからです．

このような例は他にもたくさんあります．球の体積は半径の関数です．垂直に投げ上げられた石が最高点に達したときの高さは，石の初速度の関数です．

それでは，関数を厳密に定義することにします．「量 y が量 x の関数である」と言えるためには，まず，量 x がどのような値をとるかをはっきりさせなければなりません．量を表すこの変数 x がとり得る値を**許容される値**といい，変数 x の許容されるすべての値の集まり（集合）を，関数 y の**定義域**といいます．

たとえば，「球の体積 V は半径 R の関数である」というとき，関数 $V=\dfrac{4}{3}\pi R^3$ の定義域は「0より大きいすべての数」です．半径 R の値は正であるはずだからです．

関数を考えるときには，定義域を必ずはっきりさせなければなりません．

ここまで考えれば，「関数」の定義を厳密に述べることができます．

定義 1．変数 y が変数 x の関数であるとは，

（1）x がとり得る値，つまり関数の定義域がはっきりしていて，

（2）定義域の x のそれぞれの値に対応して変数 y の値がただ 1 つに定まる，

ということです．

「変数 y は変数 x の関数である」ということを，式で

$$y = f(x)$$

と書き，「ワイ・イコール・エフ・エックス」と読みます．x の値が a であるとき，すなわち $x=a$ のときの関数 $f(x)$ の値を $f(a)$ と表します．たとえば

$$f(x) = \frac{1}{x^2+1}$$

であれば

$$f(2) = \frac{1}{2^2+1} = \frac{1}{5}$$
$$f(1) = \frac{1}{1^2+1} = \frac{1}{2}$$
$$f(0) = \frac{1}{0^2+1} = 1$$

です．また

$$g(t) = t^3 + \frac{1}{t-1}$$

であれば，

$$g(2) = 2^3 + \frac{1}{2-1} = 9$$

です．他の場合でも同様です．

xの値1つ1つにyの値を対応させる規則を定義する方法にはいろいろあって，その形式にどんな制約もありません．「yはxの関数である」と言えるためには，

(1) 定義域，つまりxがとり得る値がはっきりしていること，

(2) 定義域内のxの1つの値にyのただ1つの値を対応させる規則が示されていること，

この2つが満たされていれば十分です．

それでは，この規則がどのようなものであるか，例を見てみます．

1．xはどんな実数でもよく，yの値は

$$y = x^2$$

で与えられるとします．

このときには，関数$y = x^2$は数式を使って定められています．

2．関数yは次のように定義されているとします．

xが正の数であれば，yは1であり，
xが負の数であれば，yは-1であり，
xがゼロであれば，yは0である．

この定義では，関数は言葉を使って定められていま

す[3]．

さらに例を見てみます．数 x が数 y によって次の形に書かれているとします．

$$x=y+\alpha$$

ここで，α は1より小さい非負の数（$0 \leqq \alpha < 1$），y は整数であるとします．x のそれぞれの値に対応して数 y がただ1つ定まること，つまり，y が x の関数であることは明らかです．この関数の定義域は数直線全体（すべての実数）です．この関数は「x の整数部分」と呼ばれていて，次のように書かれます．

$$y=[x]$$

この書き方によれば，たとえば

$$[3.53]=3, \quad [4]=4, \quad [0.3]=0,$$
$$[-0.3]=-1, \quad [-1.2]=-2$$

となります．この関数は後で練習問題にも登場します．

次の例として，式

$$y=\frac{\sqrt{x+3}}{x-5}$$

で定義される関数 $y=f(x)$ を考えます．

この関数の定義域はどのようになるでしょうか．関数が式で与えられている場合には，いわゆる**「自然な」定義域**，つまり式に従って計算できるすべての数の集合を考え

3）［訳注］176ページの $y=\operatorname{sgn} x$ のように，この関数を数式で定義することもできます．

るのが一般的です．

その考え方に従うと，数 5 はこの関数の定義域には含まれません（$x=5$ では分母が 0 になるから）．また，-3 より小さい数も定義域には含まれません（$x<-3$ では根号の中が負になるから）．こうして，関数

$$y=\frac{\sqrt{x+3}}{x-5}$$

の自然な定義域は，次の 2 つの式を満たすすべての実数であることになります．

$$x \geqq -3, \quad x \neq 5$$

グラフを用いれば，関数を図に表すこともできます．関数のグラフを描くには，x がとり得る値とそれに対応する y の値を考えます．たとえば x の値が a であって，このときの y の値が $b=f(a)$ で与えられるとします．すると，座標が (a, b) である点が平面上に定まります．x のすべての値について得られる点の集合が関数のグラフです．

定義 2. x の関数 y のグラフとは，変数 x がとり得る値を横座標とし，それぞれの x の値に対応する関数 y の値を縦座標とする点の集合です．

たとえば，関数 $y=[x]$ のグラフは図 0.4 となります．

このグラフは無数の水平な線分からできています．各線分の右端の白丸は，その点がグラフに含まれないことを示しています（左端点は線分に含まれるので，黒丸で示しています）．

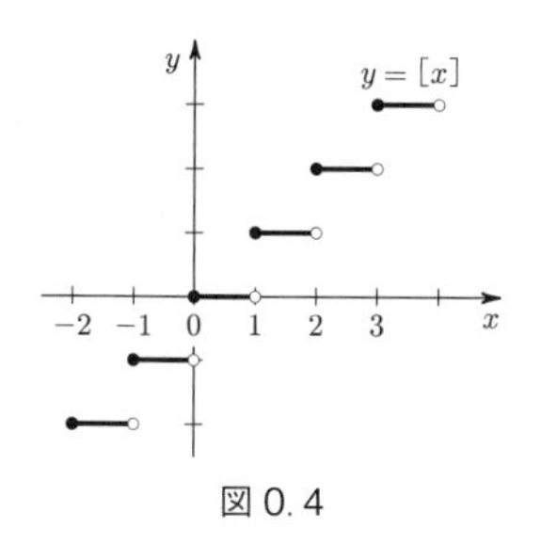

図 0.4

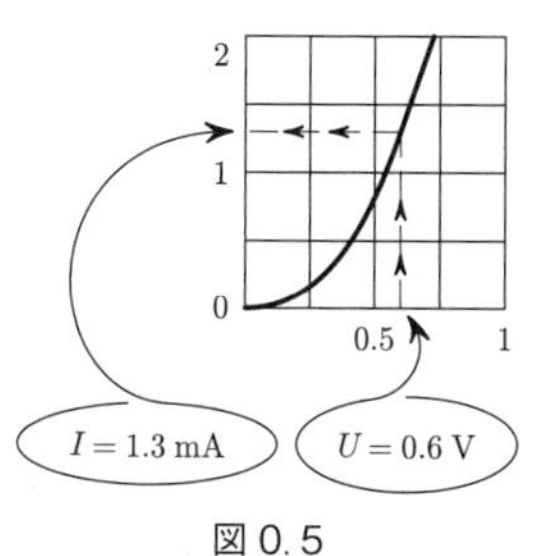

図 0.5

グラフは関数を定義するための規則として用いることもできます．たとえば半導体の特性曲線を見て，独立変数 U の値が 0.6（ボルト，V）であれば，関数である I の値は 1.3（ミリアンペア，mA）であることがわかります（図 0.5 参照）．

グラフには，見ただけですぐに関数を識別できるという大きな利点があります．図 0.1 の下の線をもう一度見てみましょう．このグラフを見れば，地震が起こったこと（B の部分と C の部分）はまったくの素人でも気づくでしょう．さらに詳しく見れば，B の部分と C の部分で示されている地震ではその特徴が違うことに確実に気づくでしょう（地震学者であれば，B の部分は地下深くから伝わってくるP波で，C の部分は地表を伝わってくるS波であると説明するでしょう）[4]．

地表での揺れの大きさを記録した表1から，この2つの部分を区別できるかどうか試してみるとよいでしょう．

図0.6には，大変良く似た2つの式

$$y=\frac{1}{x^2-2x+3},\quad y=\frac{1}{x^2+2x-3}$$

で定義された関数のグラフを描いてあります．

これら2つの関数の振る舞いにどんな違いがあるかを定義式から求めることももちろんできますが，グラフを見れば一目瞭然です．

関数の全体的な振る舞いを明らかにしたり，その特徴を見つけ出したりするには，一目でわかるグラフの方法が欠かせませ

P波（0.2秒間隔）	S波（0.2秒間隔）
0.1	0.2
0.1	0.5
−1.6	2.5
−1.7	4.9
−2.4	7.1
−3.0	6.1
−4.5	3.8
−3.8	0.4
−2.9	0.2
−1.1	0.7
0.8	1.5
3.3	2.5
5.1	3.2
3.7	2.8
0.0	0.4
−2.0	−2.2
−4.4	−3.3
−5.8	−4.5
−3.8	−4.8
−1.6	−4.8
	−4.8
	−3.7
	−3.5
	−4.4
	−6.6

表1

4）［訳注］正しくは，S波は地球内部を伝わる波です．地表を伝わる波は「表面波」といいます．

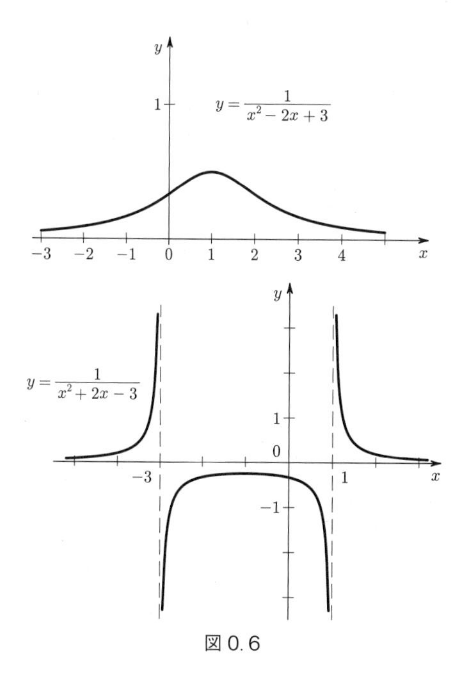

図 0.6

ん．だからこそ技師や研究者は，関数を表す式や表を求める目的で，まずペンでグラフを描くことでその関数がどんな「姿」をしているかを調べるのです．

練習問題

0-1．関数 $f(t)$ が式 $f(t) = \dfrac{1}{2}t^2 + 1$ で与えられています．$f(0)$, $f(2)$, $f\left(\dfrac{1}{2}\right)$ の値を求めなさい．

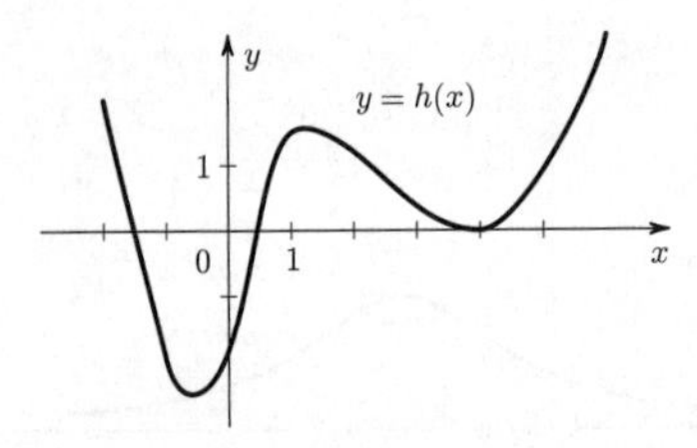

図 0.7

0-2. 関数 $I=g(u)$ が式 $I=\dfrac{a\cdot u}{1-u}$ で与えられていて，$g\left(-\dfrac{1}{2}\right)=-\dfrac{1}{2}$ であることがわかっています．$g\left(\dfrac{1}{2}\right)$ を求めなさい．

0-3. 関数 $z=h(x)$ のグラフを図 0.7 に描いてあります．

(1) $h(3)$ と $h(-1)$ の値を答えなさい．

(2) 次の 2 つの値のうち大きいのはどちらですか．

(a) $h(2)$ と $h(4)$　(b) $h(3)$ と $h(-2)$

(c) $h(3)$ と $h(3.1)$

座標系について[5)]

グラフを描くときには，まず最初に座標系を選ばなければなりません．もっとも多く用いられているのは「デカルトの座標系」で，2 本の座標軸は直交し，軸上の単位長さは同じです（言い換えれば，座標 $(1,0)$ の点と座標 $(0,1)$ の点とは，原点から同じ距離にあります）．

5）［訳注］詳細は『ゲルファント やさしい数学入門　座標法』（ちくま学芸文庫，2015）を参照．

本書ではすべて直交座標系を使い，また単位長さについてもほとんどの場合はこの慣習に従っています．しかし，現実の対応関係をグラフに描くときには，横座標と縦座標とを同じ縮尺に限ることには意味がありません．たとえば，前に見た図0.3では横軸は電圧を表し単位は1V，縦軸は電流の強さを表し単位は1mAですが，これら2つの目盛幅を同じにしなければならない理由などはありません．実際，図0.3では一方の単位が他方の単位の倍の長さで描かれています．このことは理解しておかなければなりません．

飛行機の飛行速度が時間とともにどのように変化するかといった何らかの過程をグラフに描くには，横軸の単位として1秒（離陸時の場合）や1時間（飛行中の場合）とすればよいでしょう．縦軸の単位は100 km/時とすればよいでしょうが，この場合も軸の目盛り幅を同じにすることには特に意味はありません．

座標によって縮尺を変えることは，純粋に数学的な問題を解く場合にも有効なことがしばしばあります．たとえば，独立変数の微小な範囲での変化に対応して関数の縦座標が非常に激しい変化をするとき，この変化（あるいは，他の重要な特徴）を表示したければ，x 軸（横軸）の単位長さを y 軸（縦軸）よりも長くとるとよいでしょう．

この本では，これからの例において座標軸のさまざまな縮尺を用いますが，その都度，選んだ座標系の特殊性を断ることにします．

第1章　いくつかの例

§1　点を結んでグラフを描く

関数のグラフを定義の言葉どおりに描こうとすると，独立変数xの値とそれに対応する関数yの値の組を全部求めたのちに，それらを座標とする点をすべて座標平面に書き入れなければなりません．ところが，そのような点は限りなく多数あるので，これを実行することはまったく不可能です．そこで普通は，グラフ上にあることがわかっているいくつかの点だけをとって，それらの点を滑らかな曲線で結ぶのです．

このやり方で，関数

$$y=\frac{1}{1+x^2} \tag{1}$$

のグラフを描いてみましょう．

はじめに変数xの値をいくつか選び，それらの値に対応する関数yの値を計算して表にまとめます．そして，それらx, yの組を座標とする点を座標平面上に描き，ひとまず点線で結んでおきます（図1.1）．

次に，点線が確かにグラフと一致するかどうかを調べます．それにはxとして，すでに選んだ値の間にある値を

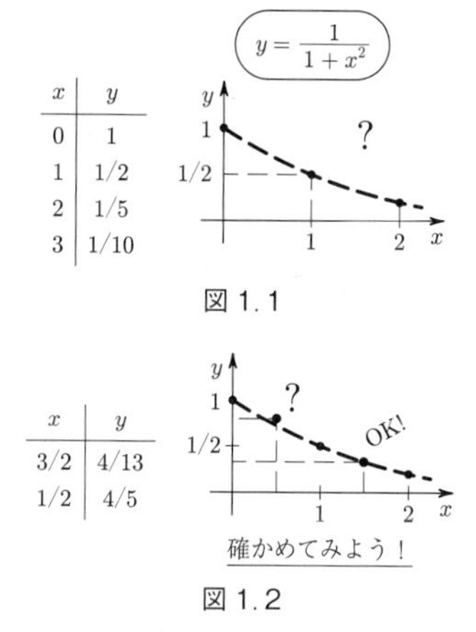

x	y
0	1
1	1/2
2	1/5
3	1/10

図 1.1

x	y
3/2	4/13
1/2	4/5

図 1.2

選びます．たとえば $x=\dfrac{3}{2}$ として，対応する関数 y の値を計算すると $y=\dfrac{4}{13}$ となります．得られた点 $\left(\dfrac{3}{2}, \dfrac{4}{13}\right)$ は確かに結んでおいた点線の上にあります．このことから，点線はグラフを正しく描いたものであるように思えます（図 1.2）．

次に $x=\dfrac{1}{2}$ として計算すると，$y=\dfrac{4}{5}$ となります．この点 $\left(\dfrac{1}{2}, \dfrac{4}{5}\right)$ を図に書き込むと，前に描いた点線より上に飛び出てしまいます（図 1.2）．このことから，$x=0$ と $x=1$ との間では，グラフは予想したものとは違っているということになります．そこで，この「疑わしい」区間の中からさらに $x=\dfrac{1}{4}$ と $x=\dfrac{3}{4}$ を選び，対応する関数

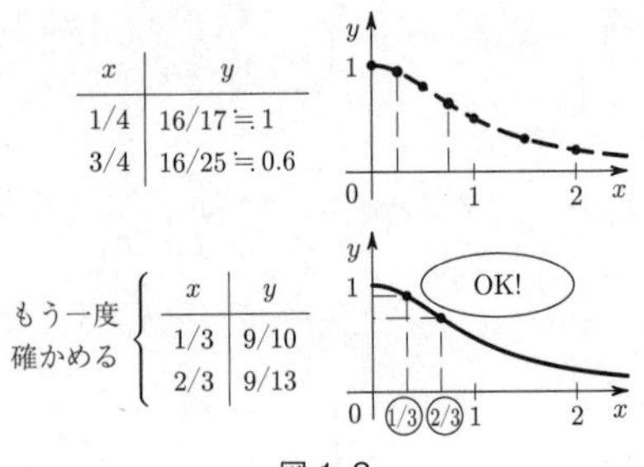

図 1.3

y の値を計算してみます．こうして得られる点を結ぶと，図 1.3 のように最初よりも正確な曲線が描けます．確認のために点 $\left(\frac{1}{3}, \frac{9}{10}\right)$ と点 $\left(\frac{2}{3}, \frac{9}{13}\right)$ をとってみると，これらの点は確かに点線上に「乗って」います．

§2 グラフの対称性．偶関数

関数（1）のグラフを y 軸より左側の範囲で描くには，x の値を負にした表をもう 1 つ作らなければなりません．しかし，それは簡単にできます．

たとえば，$x=2$ のときには $y=\dfrac{1}{1+2^2}=\dfrac{1}{5}$ であり，$x=-2$ のときには $y=\dfrac{1}{1+(-2)^2}=\dfrac{1}{5}$ です．このことから，点 $\left(2, \frac{1}{5}\right)$ と点 $\left(-2, \frac{1}{5}\right)$ はグラフの y 軸に関して線対称の位置にあることになります．

一般に，このグラフの右半分（y 軸より右側）に点 (a, b) が乗っていれば，点 $(-a, b)$ はこのグラフの左半

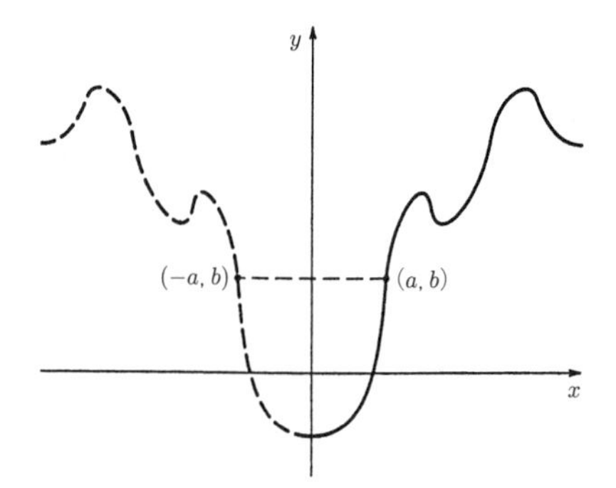

$$f(-a) = f(a)$$

符号が異なるだけで絶対値が等しい 2 つの変数（たとえば $x = a$ と $x = -a$）が，等しい値をとる関数を**偶関数**という．どの偶関数もそのグラフは y 軸に関して線対称である．

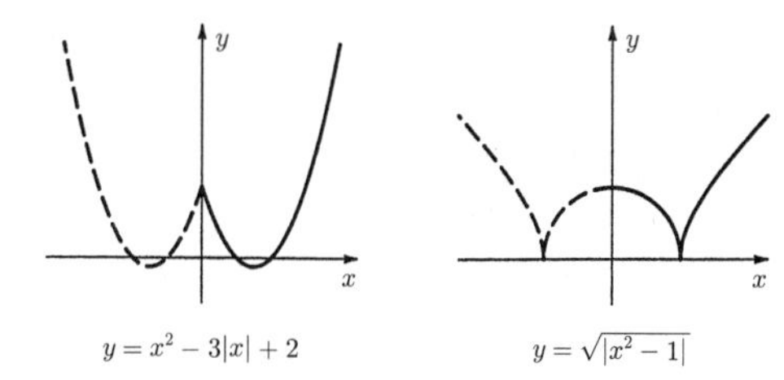

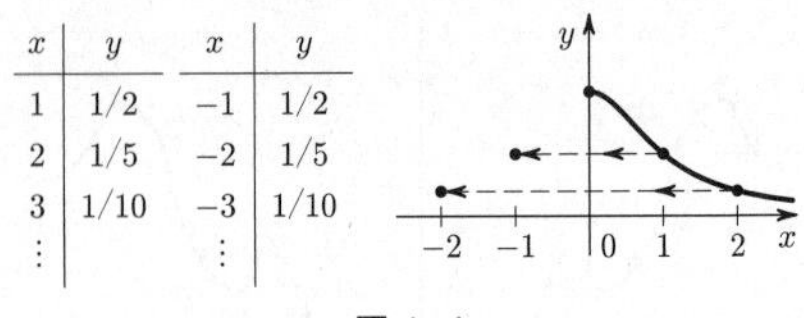

x	y	x	y
1	1/2	−1	1/2
2	1/5	−2	1/5
3	1/10	−3	1/10
⋮		⋮	

図 1.4

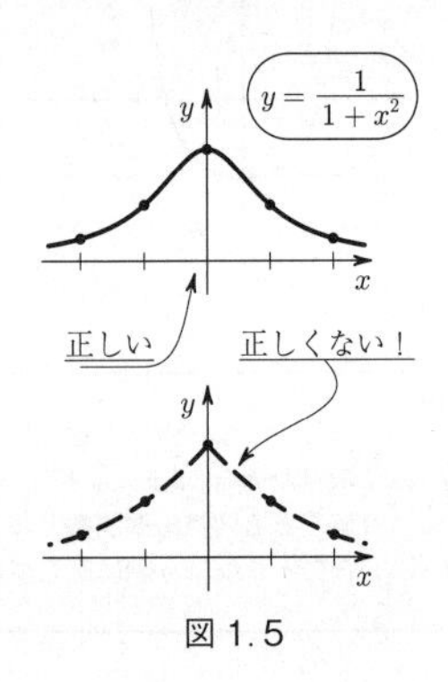

図 1.5

分（y 軸より左側）に乗っています（図 1.4）．このことから，変数 x が負である部分でのグラフを描くには——つまり関数（1）のグラフの左半分を描くには——，グラフの右半分を y 軸に関して線対称に写せばよいことになります．こうして，グラフ全体は図 1.5 のようになります．

グラフの形をよく考えず，最初に予想した形のグラフ（図 1.2）をもとにして x が負の場合を描くと，$x=0$ で尖った（角のある）グラフになるでしょう．しかし，落ち着いて正しく描けば，グラフは尖らずに丸いドームの形になります．

練習問題

1-1．関数

$$y=\frac{1}{3x^2+1}$$

のグラフは，関数

$$y=\frac{1}{x^2+1}$$

のグラフに似ています．この関数のグラフを描きなさい．

1-2．次の関数のうち，偶関数はどれですか（偶関数の定義，そのグラフと例については29ページを参照）．

(a) $y=1-x^2$　　(b) $y=x^2+x$

(c) $y=\dfrac{x^2}{1+x^4}$　　(d) $y=\dfrac{1}{1-x}+\dfrac{1}{1+x}$

§3 関数の値をゼロにする点（多項式関数のグラフ）

変数 x を含む項が2つ以上ある式（そのような式を多項式といいます）の関数

$$y=x^4-2x^3-x^2+2x \tag{2}$$

も，同じように点を結ぶ方法でグラフを描くことができます．

変数 x の値が $0, 1, 2$ のとき，関数 y の値はいずれも 0 となります．さらに，$x=-1$ のときにも $y=0$ になります．グラフ上の対応する点 $(0, 0), (1, 0), (2, 0), (-1, 0)$ はすべて x 軸上にあります（図1.6）．

x の値をこれらの4つに限ると，これらの点を結ぶ「平

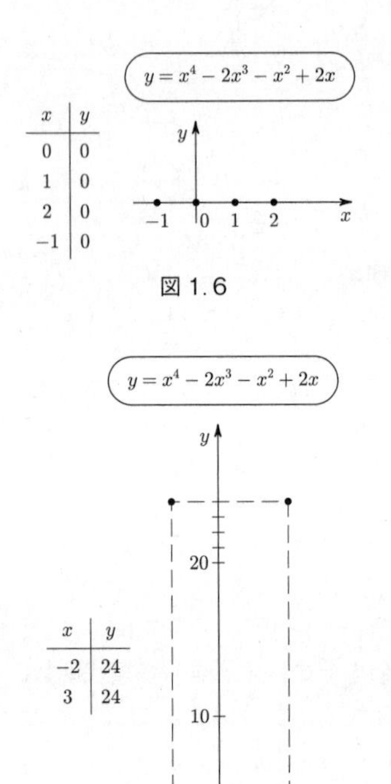

図 1.6

図 1.7

らな」直線としては，たとえば x 軸（つまり $y=0$）もあるでしょう．しかし，x 軸がこの関数のグラフでないことは明らかです．(2) 式で定義される多項式関数はすべての x について 0 であるわけではないからです．実際，x の値を $x=-2$ や $x=3$ としてみると，対応する点は $(-2, 24)$ と $(3, 24)$ となり，x 軸上に乗っているどころか，大きくかけ離れています（図 1.7）．

これまで得られた点を全部書き込んでも，グラフの形はまだはっきりしません．もちろん前に行ったように，十分に多くの中間点をとることによって，グラフを次第に仕上げていくこともできますが，それも全く信頼できる方法ではありません．

点を結ぶ方法ではない描き方

そこで，点を結ぶのではない方法を試みます．この関数 (2) が正である（グラフが x 軸より上側にある）のはどこであり，負である（グラフが x 軸より下側にある）のはどこであるかを明らかにします．

そのために，関数 (2) を定義する多項式を積の形に表し直します（このことを因数分解といいます）．

$$\begin{aligned} x^4-2x^3-x^2+2x &= x^3(x-2)-x(x-2) \\ &= (x^3-x)(x-2) \\ &= x(x^2-1)(x-2) \\ &= (x+1)x(x-1)(x-2) \end{aligned}$$

これで，前に挙げた4つの点以外には関数 (2) の値が0になる点はないことがはっきりしました．点 $x=-1$ より左側の点では，かけ合わされる4つの項（因数）がすべて負になることから，関数の値は正となります．$x=-1$ と $x=0$ との間（つまり区間 $-1<x<0$）では，

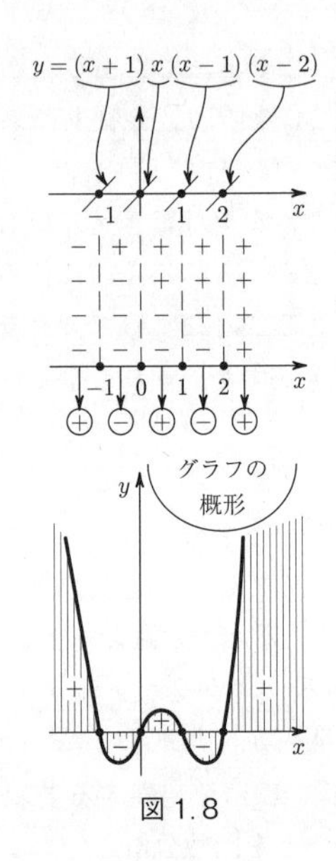

図 1.8

項 $x+1$ だけが正になり，それ以外は負になります．したがって，この区間では関数の値は負です．区間 $0<x<1$ では，正になる項と負になる項はともに2つずつですから，関数の値は正です．その次の区間では関数の値はまた負であり，さらに，$x=2$ を越えると項 $x-2$ も正であって，関数の値は正であることになります．

このようにして描かれた関数 (2) のグラフは，図 1.8

のようになります[1]．

§4 ひとつながりでないグラフ

今度は，関数

$$y=\frac{1}{3x^2-1} \tag{3}$$

を取り上げます．

ちょっと見たところでは，この式は (1) 式と少ししか違いがありません．ところが，点を結ぶ方法でこのグラフを描こうとすると，たちまち厄介なことになります．

表を作ってグラフの点を結ぶやり方を，$x=-2, -1, 0, 1, 2$ のときの関数 (3) の値をもとにやってみると，グラフは図 1.10 のようになり，点 $(0, -1)$ が「落ちこんでいる」かのように見えます．

そこで，$x=\dfrac{1}{2}$ としてみると $y=-4$ となり，点 $\left(\dfrac{1}{2}, -4\right)$ は曲線より遙か下方にあることがわかります (図 1.11)．つまり，$x=0$ から $x=1$ の区間ではグラフはまったく別物のようです！

他方で $x=\dfrac{3}{2}$ と $x=\dfrac{5}{2}$ をとってみると，対応する点はいまの曲線にピッタリと乗っています．$x>1$ でグラフをもう少し正確に描くと図 1.11 のようになります．

それでは，$x=0$ から $x=1$ の区間ではグラフはどうな

---

1) 図 1.8 はグラフの「特徴」を示すだけで，関数の厳密な値をこのグラフから読み取ることはできないでしょう．

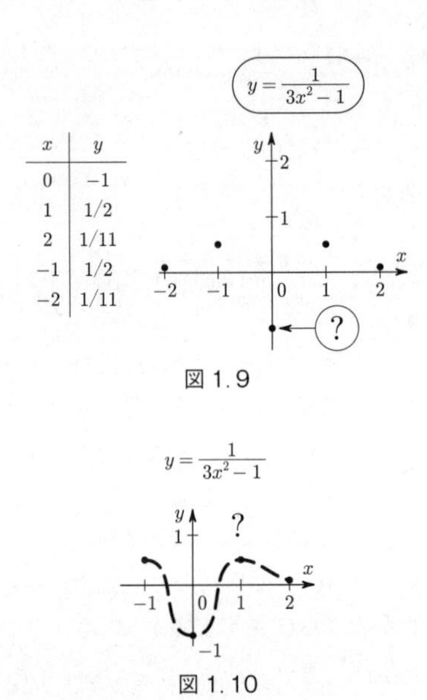

x	y
0	−1
1	1/2
2	1/11
−1	1/2
−2	1/11

図 1.9

図 1.10

るのでしょう．

$x=\dfrac{1}{4}$，$x=\dfrac{3}{4}$ としてみると，それぞれに対応する y の値は $y=-\dfrac{16}{13}\fallingdotseq-\dfrac{5}{4}$，$y=\dfrac{16}{11}\fallingdotseq\dfrac{3}{2}$ となります．これで，$x=0$ と $x=1$ との間でグラフがどうなっているか少しわかりましたが（図 1.12），$x=\dfrac{1}{2}$ と $x=\dfrac{3}{4}$ との間については依然としてはっきりしません．

$x=\dfrac{1}{2}$ と $x=\dfrac{3}{4}$ の間にさらにいくつかの点をとれば，グラフ上の対応する点は滑らかな1つの曲線ではなく，

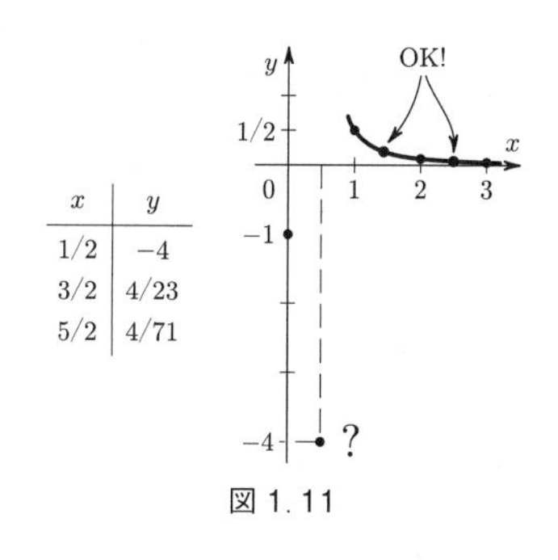

x	y
$1/2$	-4
$3/2$	$4/23$
$5/2$	$4/71$

図 1.11

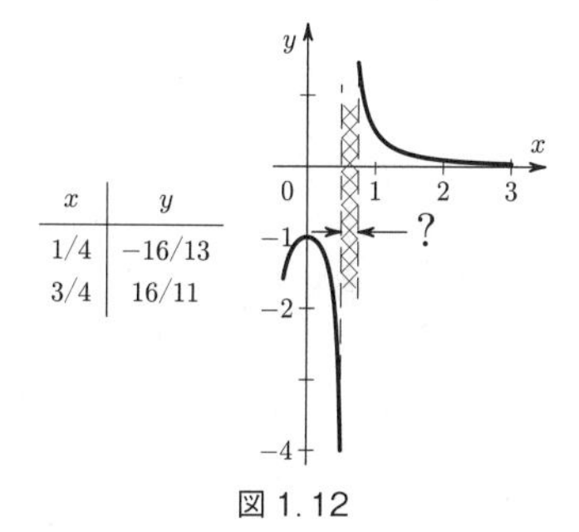

x	y
$1/4$	$-16/13$
$3/4$	$16/11$

図 1.12

別々の滑らかな曲線の上に乗っていることがわかり，グラフの概形は図 1.13 のようになります．

以上から，点を結んでグラフを描く方法は手間がかかるうえ，危険でもあることが理解できたでしょう．点の個数が少なければ，グラフの形を間違えて表現するかもしれませんし，かと言ってたくさんの点をとれば不要な手間がかかります．仮にグラフを描けたとしても，大事な点を見落

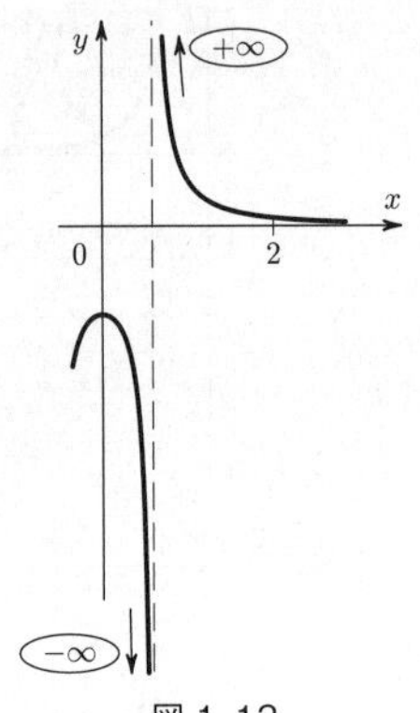

図 1.13

としてはいないかという心配も残ります.

ここで，振り返ってみましょう.

関数 (1) のグラフを描くとき，区間 $2<x<3$ と区間 $1<x<2$ では，区間の端以外には点をとる必要はありませんでしたが，区間 $0<x<1$ では，さらに5つの点をとらなければなりませんでした. また，関数 (3) のグラフを描くときには，曲線が2つに分かれている区間 $0<x<1$ について調べる必要がありました.

それでは，このような「危ない」区間を前もって見分けることはできないのでしょうか. 次にこのことを考えます.

§5 分母がゼロになる x の値は慎重に！

前節の関数

$$y = \frac{1}{3x^2 - 1} \tag{3}$$

のグラフに戻ります．

この関数の定義式を見ると，x がある値をとるとき，分母が 0 になることがすぐにわかります．その x の値は $+\sqrt{\frac{1}{3}}$ と $-\sqrt{\frac{1}{3}}$ で，小数に直すとそれぞれ約 $+0.58$ と -0.58 です．そのうち前者は区間 $\frac{1}{2} < x < \frac{3}{4}$ にあり，まさにこの区間で関数 (3) は普通でない振る舞いをし，グラフは滑らかではありませんでした．では，このようなことがどうして起こるかを明らかにしましょう．

$x = \pm\sqrt{\frac{1}{3}}$ では関数 (3) が定義されません（分母を 0 にする，つまり数を 0 で割ることはできないから）．だから，x 座標の値が $\pm\sqrt{\frac{1}{3}}$ である点はグラフ上にはありません．つまり，グラフは直線 $x = \sqrt{\frac{1}{3}}$，$x = -\sqrt{\frac{1}{3}}$ とは交わらず，グラフは 3 つの部分に分かれることになるのです．x が「許されていない」値のどちらか，たとえば $x = \sqrt{\frac{1}{3}}$ に近づくと，分数 $\frac{1}{3x^2 - 1}$ の絶対値は限りなく大きくなり，グラフの 2 つの枝は垂直な直線 $x = \sqrt{\frac{1}{3}}$ にどんどん近づきます．

この関数は点 $x = -\sqrt{\frac{1}{3}}$ の近くでも同じような振る舞いをします（関数は偶関数！）．こうして，関数 $y = \frac{1}{3x^2 - 1}$ のグラフ全体の概形は図 1.14 のようになります．

これで，以下の教訓が得られました．

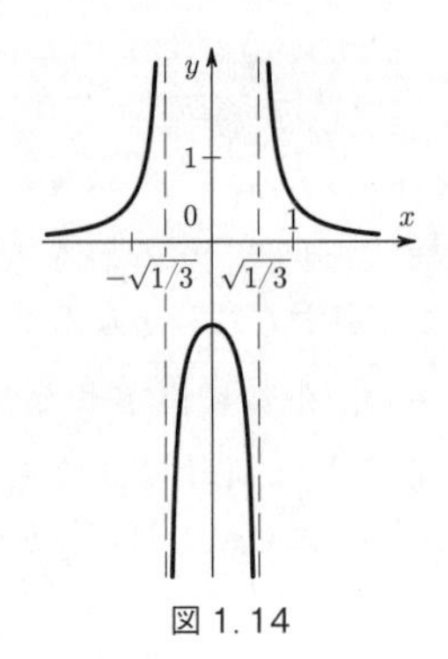

図 1.14

関数が分数式で定義されているときは，分母がゼロになるときの x の値に注意する．

§6 まとめ

これまでの例から学んだことをまとめておきましょう．それは，関数の振る舞いを調べてそれをグラフに描こうとするとき，独立変数のすべての値が同等に重要だとは限らないということです．関数 $y = \dfrac{1}{3x^2 - 1}$ の例では，関数が定義されない「特異な」点こそが重要であることを学びました．また，関数が多項式で

$$y = x^4 - 2x^3 - x^2 + 2x \tag{2}$$

として与えられる例では，グラフの特性はグラフと x 軸との交点，つまり関数を与える多項式をゼロにする，多項式の根（解）を求めることではっきりしました．

一般にグラフを描くために必要なのは，その関数にとっ

て重要な独立変数の値を見つけ，それらの値の近くでの関数の振る舞いを調べることであり，すべてはこれに尽きます．これらの値を求めた後は，それらの特別な点の間における関数の値を求めて，グラフ全体を描き，これで終了となります．

練習問題

1-3. 関数 $y=\dfrac{1}{3x-1}$ のグラフを，以下の手順に従って描きなさい．

(a) グラフと座標軸との交点を求めなさい．

(b) 16 cm × 20 cm の大きさのノートに，ページの真ん中を原点とし，1 cm を単位長さとしてこの関数のグラフを描きなさい．そして，グラフがページからはみ出るところの点の座標を求めなさい．

1-4. 次の多項式関数のグラフを描きなさい．

(a) $y=x^3-x^2-2x+2$

(b) $y=x^3-2x^2+x$ ⊠[2)]

((b) は右辺を因数分解しなさい．同じ項が 2 つあることに注意．)

§7 グラフを y 軸方向に引き伸ばす

ある関数のグラフがすでに描かれている場合，そのグラフに何らかの工夫を施すことで「同類」の関数のグラフを容易に描くことができます．このような工夫で最も簡単なものの 1 つが y **軸方向への引き伸ばし**です．例を見てみ

2) ⊠ 印のついた問題は，解答が巻末にあります．

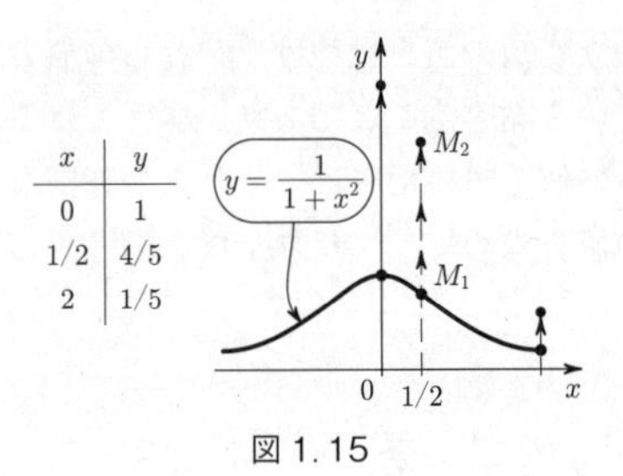

図 1.15

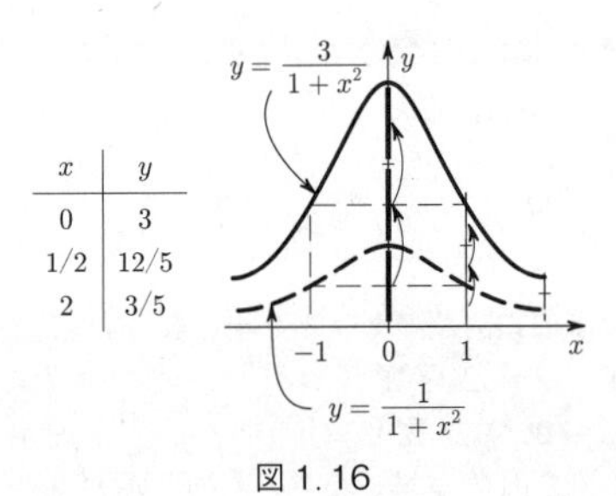

図 1.16

ましょう.

関数

$$y = \frac{1}{1+x^2}$$

のグラフはすでに描きました（30 ページ，図 1.5）.

こんどは，関数

$$y = \frac{3}{1+x^2} \tag{4}$$

のグラフを描くことにします.

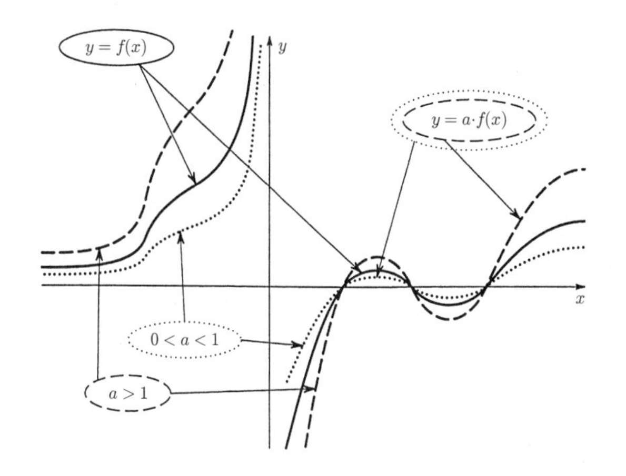

$$f(x) \Rightarrow af(x)$$

$a > 0$ のとき，関数 $y = af(x)$ のグラフは関数 $y = f(x)$ のグラフを y 軸方向に a 倍引き伸ばしたものである（$0 < a < 1$ の場合は縮小する）．

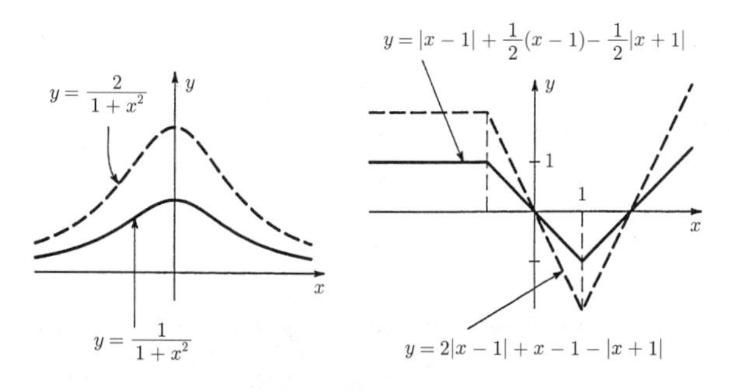

前のグラフ上のある1点，たとえば $M_1\left(\frac{1}{2}, \frac{4}{5}\right)$ をとってみます．この点を，x 座標はそのまま（すなわち $x=\frac{1}{2}$ のまま）にして y を3倍すると，いま考えている関数(4)のグラフ上にある点 $M_2\left(\frac{1}{2}, \frac{12}{5}\right)$ が求まります．この点は図から直接得ることもできます（図1.15）．そのためには，点 $M_1\left(\frac{1}{2}, \frac{4}{5}\right)$ の y 座標を3倍すればよいのです．$y=\frac{1}{1+x^2}$ のグラフのすべての点にこの変更を施すことは，グラフを y 軸方向に引き伸ばすことにほかなりません．こうすることによって，関数 $y=\frac{3}{1+x^2}$ のグラフが得られます（図1.16）．

したがって，関数 $y=\frac{3}{1+x^2}$ のグラフは，関数 $y=\frac{1}{1+x^2}$ のグラフを y 軸方向に3倍に引き伸ばしたものです．

§8　グラフを x 軸で対称に折り返す

関数 $y=\frac{1}{1+x^2}$ のグラフから，関数

$$y=-\frac{1}{1+x^2} \tag{5}$$

のグラフを描くのはもっと簡単です．関数 $y=\frac{1}{1+x^2}$ の表（図1.4参照）で y の値の符号を変えるだけで，関数 $y=-\frac{1}{1+x^2}$ についての表が作れます．

このことから，関数 $y=-\frac{1}{1+x^2}$ のグラフを描くには，x 座標は同じで，y 座標は関数 $y=\frac{1}{1+x^2}$ の点の y

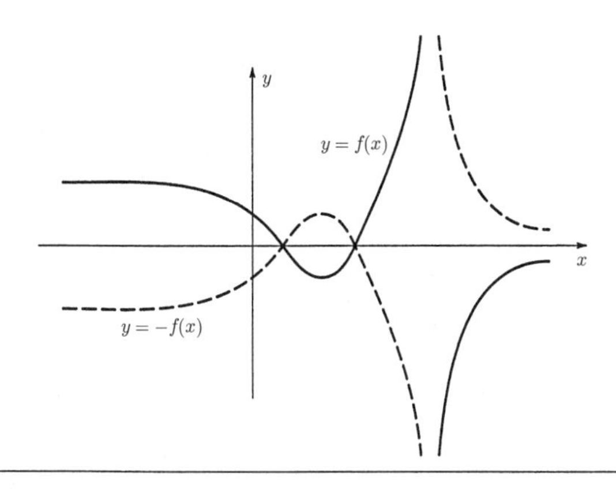

$$f(x) \Rightarrow -f(x)$$

関数 $y = -f(x)$ のグラフは関数 $y = f(x)$ のグラフを x 軸に線対称に折り返して得られる.

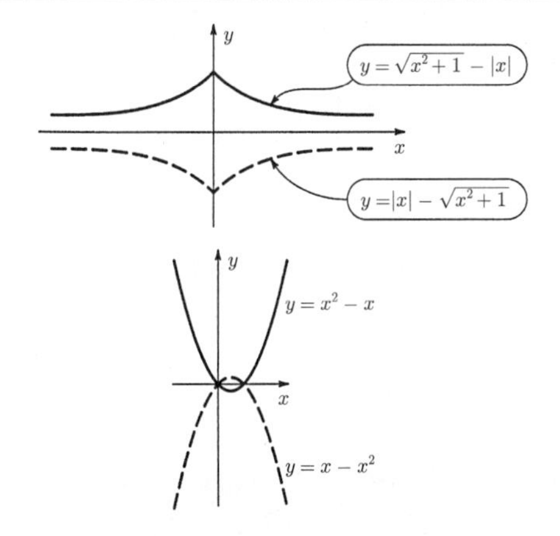

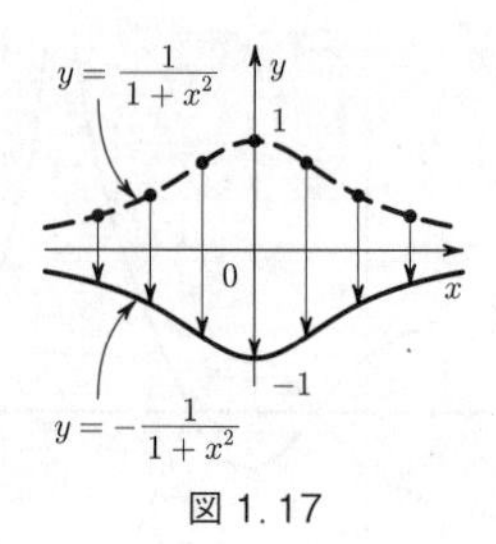

図 1.17

座標の符号を変えた座標の点として描けばよいことになります．たとえば，x 座標が2で y 座標が $\frac{1}{5}$ である点 $M\left(2, \frac{1}{5}\right)$ から，x 座標が2で y 座標が $-\frac{1}{5}$ である点 $M'\left(2, -\frac{1}{5}\right)$ を得ます．点 $M'\left(2, -\frac{1}{5}\right)$ が点 $M\left(2, \frac{1}{5}\right)$ と x 軸に関して線対称であることは明らかです．これを一般化して，$y=-\frac{1}{1+x^2}$ のグラフ上の点 $M(a, b)$ が $y=\frac{1}{1+x^2}$ のグラフ上の点 $M'(a, -b)$ に対応することはすぐにわかります．

したがって，関数 $y=-\frac{1}{1+x^2}$ のグラフは，関数 $y=\frac{1}{1+x^2}$ のグラフの x 軸に関する鏡像として得られます（図 1.17）．

練習問題

1-5. $y=x^4-2x^3-x^2+2x$ のグラフ（34ページ，図 1.8）をもとにして，次の関数のグラフを描きなさい．

(a)　$y=3x^4-6x^3-3x^2+6x$

(b)　$y=-x^4+2x^3+x^2-2x$

1-6．関数 $y=\dfrac{1}{1+x^2}$ のグラフをもとにして，次の関数のグラフを描きなさい．

(a)　$y=\dfrac{1}{2+2x^2}$

(b)　$y=-\dfrac{3}{1+x^2}$

1-7．関数 $y=[x]$ のグラフ（21ページ，図0.4）をもとにして，次の関数のグラフを描きなさい．

(a)　$y=\dfrac{1}{2}[x]$

(b)　$y=2[x]$

(c)　$y=[2x]$ ☒

(d)　$y=\left[\dfrac{1}{2}x\right]$

第2章　1次関数

§1　1次関数のグラフ．直線

ここからは，さまざまな関数の振る舞いを順序よく学び，続いてそれらのグラフを描くことにします．まず最も簡単な関数を例にして，その振る舞いとグラフの特徴を調べ，そこで学んだことを生かしてさらに複雑なグラフを描くことにします．

最も簡単な関数といえば，それは $y=x$ です．この関数のグラフは直線，すなわち第1象限と第3象限の2等分線です（図2.1）[1]．

すでに知っていることでしょうが，一般に1次関数 $y=kx+b$ のグラフは直線です．逆に，y 軸に平行でないどの直線も，何らかの1次関数のグラフです．直線上の2点を決めれば，その直線の位置は完全に決まります．これに対応して，独立変数 x とそれに対する関数 y のペアが2組あれば，1次関数は完全に決まります．

1）　もちろん，このようになるのは x 軸と y 軸の単位長さが同じであるときに限ります．

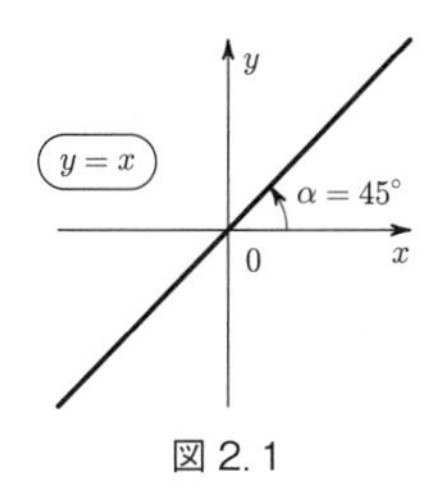

図 2.1

練習問題

2-1．$x=10$ で $y=41$ となり，$x=6$ で $y=9$ となる1次関数 $y=kx+b$ を求めなさい．

2-2．点 $A(0,0)$ と点 $B(a,c)$ を通る直線をグラフとする1次関数を求めなさい．

2-3．座標原点を通り，y 軸との角度が $60°$ である直線を引きなさい．この直線をグラフとする1次関数を求めなさい．

2-4．(a) 表1はある1次関数の数値表です．この表の5つの数値のうち，2つの数値が間違っています．正しい数値に直しなさい．

(b) 表2について，(a) と同じ問に答えなさい．

表 1

x	y
-2	-2
-1	3
0	1
1	2
2	-3

表 2

x	y
-15	-33
-10	-13
0	7
10	17
15	27

2-5．関数 $y=x$ のグラフを，点 $(3,-5)$ を通るように平行移動します．平行移動してできた直線をグラフとする関数

$y=kx+b$ を求めなさい．

2-6．傾きが k で[2]，点 $(3,-5)$ を通る直線をグラフとする1次関数を求めなさい．

§2　1次関数と等差数列

1次関数は他の関数にはない重要な性質があります．それは，1次関数では x が一様に（つまり，同じ数ずつ）大きくなると，y も一様に大きくなるということです．例として，関数 $y=3x-2$ を考えます．x の値が $1,3,5,7,\cdots$ と，前の数より2ずつ大きくなると，これに対応して，y の値は $1,7,13,19,\cdots$ となります．これら y の値は，前の数より6ずつ大きくなっています．

ある数から始まり，同じ数を次々と加えてできる数列を，**等差数列**といいます．この言葉を用いて上の特徴を言い換えると，「1次関数はある等差数列を別の等差数列に移す」ということになります．今の例では，関数 $y=3x-2$ は等差数列 $1,3,5,7,\cdots$ を等差数列 $1,7,13,19,\cdots$ に移します．また別の例として，図2.2に関数 $y=2x-1$ が等差数列 $0,1,2,3,4,\cdots$ を等差数列 $-1,1,3,5,7,\cdots$ に移す様子を図示してあります．

練習問題

2-7．等差数列 $-3,-1,1,3,\cdots$ を等差数列 $-2,-12,-22,$

---

2)　直線の**傾き**とは，その直線を与える方程式 $y=kx+b$ における係数 k のことです．

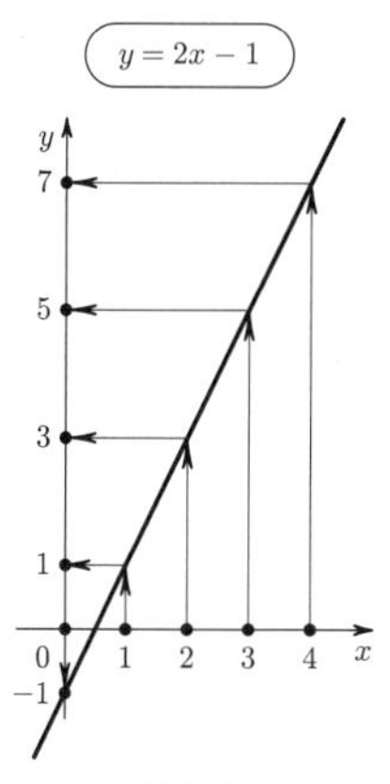

図 2.2

$-32, \cdots$ に移す 1 次関数の式を書きなさい．また，後の数列を前の数列に移す 1 次関数の式を書きなさい．

2-8. 2 つの等差数列

$$a, a+h, a+2h, \cdots \qquad c, c+h, c+2h, \cdots$$

があります．はじめの数列を後の数列に移す 1 次関数 $y=kx+b$ は必ずあると言えますか．

2-9. 関数 $y=\sqrt{3}x$ のグラフを方眼紙に次のように描きなさい．方眼紙のマスの一辺の長さを 1 とし，方眼紙の左下の隅を座標原点として，x 軸とのなす角度が 60° である直線として，直線 $y=\sqrt{3}x$ を精確に描きます．グラフを描いたら次の問に答えなさい．

(a) 直線 $y=\sqrt{3}x$ は，原点 $(0,0)$ 以外に「整数点」(x 座標，y 座標のどちらも整数である点) を通らないことを確かめなさい．

(b) 方眼紙では，整数点はマスの各頂点に相当します．グラフを描くと，いくつかの頂点はこの直線に非常に近いことがわかります．この事実を使って，$y=\sqrt{3}x$ の近似値を分数の形で求めなさい．

そして求めた近似値を，一般的な数表に載っている値 $\sqrt{3}\fallingdotseq 1.7321$ と比べてみなさい．

2-10. (a) 直線 $y=\dfrac{7}{15}x+\dfrac{1}{3}$ は2つの整数点 $A(10,5)$ と $B(-20,-9)$ を通ります．この直線上にはこれ以外の整数点はありますか．

(b) 直線 $y=kx+b$ は2つの整数点を通ることがわかっています．この直線上にはこれ以外の整数点はありますか．

(c) 整数点を全然通らない直線は簡単に描けます．たとえば $y=x+\dfrac{1}{2}$ がそうです．ただ1つの整数点 $A(1,2)$ を通る直線 $y=kx+b$ はありますか．

第3章　関数 $y=|x|$

§1　関数 $y=|x|$ のグラフ

まず，x の絶対値[1]を $|x|$ と表し，関数

$$y=|x|$$

について考えることにします．

絶対値の定義にもとづいて，この関数のグラフを描きます．x の値が正であれば $|x|=x$ だから，このグラフは $y=x$ のグラフ，すなわち原点から出て，x 軸とのなす角度が $45°$ である半直線です（図 3. 1）．x の値が負であれば $|x|=-x$ だから，$y=|x|$ のグラフは第2象限の2等分線です（図 3. 2）．

ところで，実は x が負であるときのグラフは，x が正であるときのグラフを利用して簡単に描くことができます．それは，$|-a|=|a|$ であって関数 $y=|x|$ が偶関数（定義は29ページ）であることを生かすという方法です．

つまり，この関数のグラフは y 軸に関して線対称だか

1）　絶対値について復習しておきます．正の数の絶対値はその数に等しく（$x>0$ であれば $|x|=x$），負の数の絶対値は符号を変えた数（$x<0$ であれば $|x|=-x$）であり，0の絶対値は0です（$|0|=0$）［訳注：『座標法』24〜36ページ参照］．

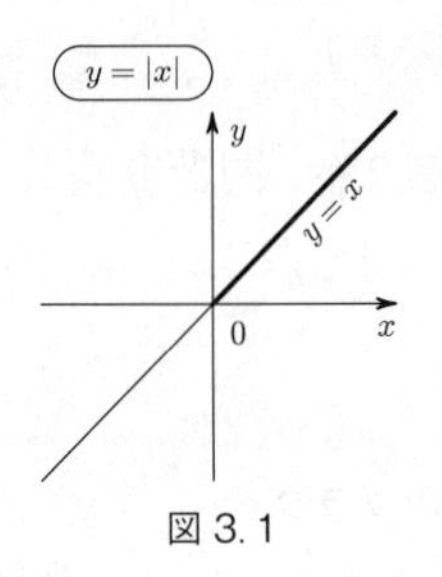

図 3.1

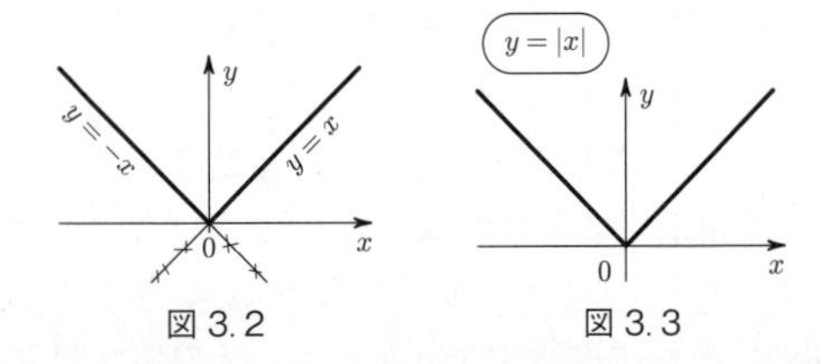

図 3.2　　図 3.3

ら，x が正であるときのグラフを y 軸に関して線対称に折り返せば，x が負であるときのグラフが得られます．こうして，関数 $y=|x|$ のグラフは図 3.3 となります．

§2　グラフを y 軸に平行に移動させる

こんどは，関数

$$y=|x|+1$$

のグラフを描きましょう．

このグラフを，点を結ぶ方法で直接描くことも簡単にできますが，ここでは $y=|x|$ のグラフを利用して描くことにします．関数 $y=|x|+1$ の数値表と，関数 $y=|x|$ の

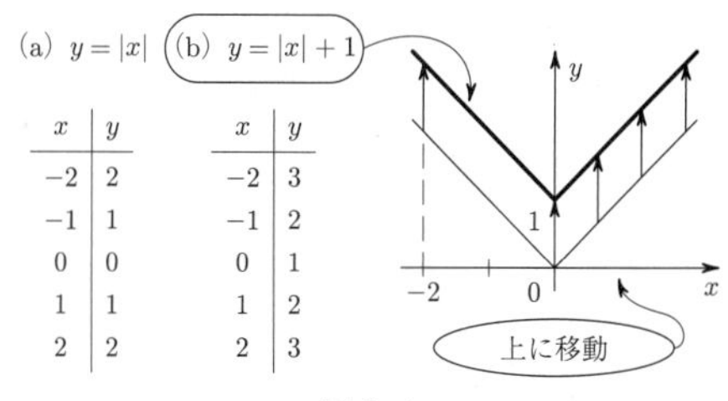

(a)　$y=|x|$

x	y
-2	2
-1	1
0	0
1	1
2	2

(b)　$y=|x|+1$

x	y
-2	3
-1	2
0	1
1	2
2	3

図 3.4

数値表を作り，2つを並べて比べてみましょう（図 3.4 の表 a, b）．すぐわかるように，(a) のグラフの各点の y に 1 を加えると，(b) のグラフの点が得られます．たとえば，$y=|x|$ のグラフ上の点 $(-2, 2)$ を 1 だけ高くすると，$y=|x|+1$ のグラフ上の点 $(-2, 3)$ が得られます．こうして，(a) のグラフ全体を上に 1 だけ移動させると，(b) のグラフ全体が得られます（図 3.4）．

例題．関数

$$y=|x|-1$$

のグラフを描きなさい．

解．この関数のグラフと関数 $y=|x|$ のグラフとを比べましょう．点 $(a, |a|)$ が $y=|x|$ のグラフ上の点であれば，点 $(a, |a|-1)$ は $y=|x|-1$ のグラフ上の点です．a がどんな値であっても，$y=|x|-1$ のグラフ上の点 $(a, |a|-1)$ は，$y=|x|$ のグラフ上の点 $(a, |a|)$ を 1 だけ下に移動させて得られます．したがって，関数 $y=|x|-1$ のグラフ全体は，関数 $y=|x|$ のグラフ全体を 1 だけ下げること

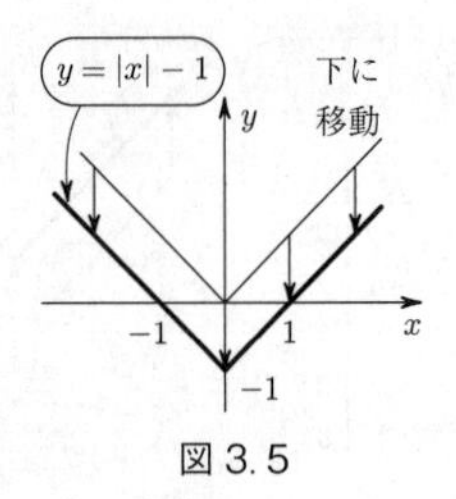

図 3.5

によって得られます（図 3.5）.

次に，関数

$$y=\frac{x^2+2}{x^2+1}$$

のグラフを描くことにします.

この関数を書き変えて

$$y=\frac{x^2+1+1}{x^2+1}，\text{すなわち } y=1+\frac{1}{x^2+1}$$

とします.

この関数のグラフは，容易にわかるように，$y=\dfrac{1}{x^2+1}$ のグラフを y 軸に沿って1だけ上に移動させて得られます（30ページの図1.5と比較してください）.

§3 グラフを x 軸に平行に移動させる

こんどは関数

$$y=|x+1|$$

のグラフを考えます.

この関数のグラフも関数 $y=|x|$ のグラフを利用して描

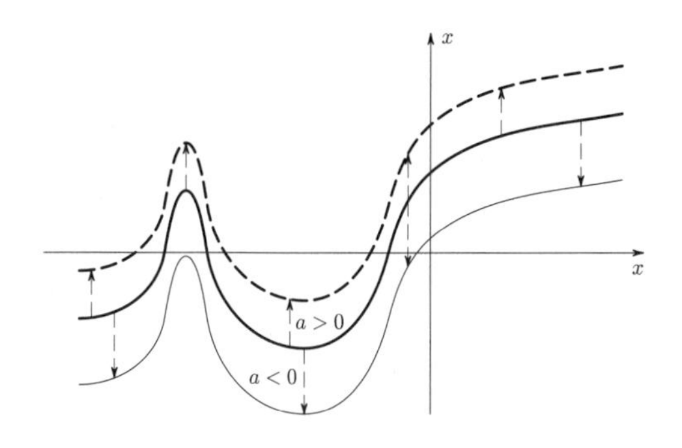

$$f(x) \Rightarrow f(x) + a$$

関数 $y = f(x) + a$ のグラフは，関数 $y = f(x)$ のグラフを y 軸に沿って a だけ移動させて得られる．移動の方向は a の符号で決まる．
（$a > 0$ なら上方向，$a < 0$ なら下方向）．

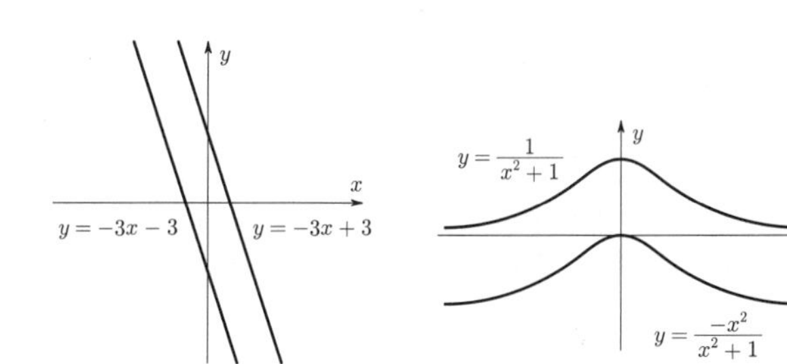

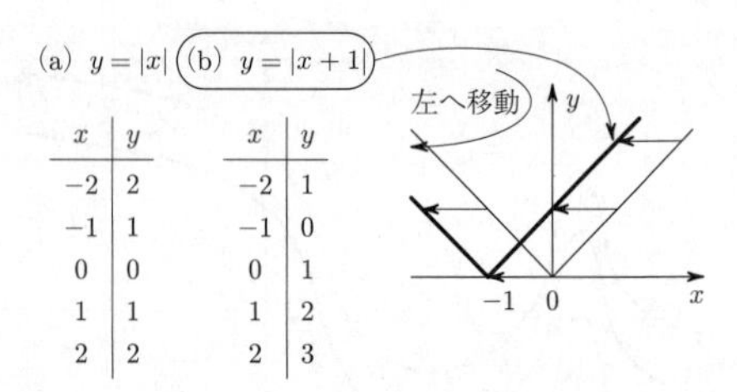

(a) $y=|x|$

x	y
-2	2
-1	1
0	0
1	1
2	2

(b) $y=|x+1|$

x	y
-2	1
-1	0
0	1
1	2
2	3

図 3.6

けます．$y=|x|$ の表と $y=|x+1|$ の表を並べて書いてみます（図 3.6 の表 a, b）．これらの表で x の値が同じ箇所を比べると，(a) の y 座標が (b) の y 座標より大きいものもあれば，小さいものもあります．

ところが，2 つの表の y の列だけに注目すると，これらの表の間には規則性があることに気づきます．つまり，(b) の関数は (a) の関数よりも 1 だけ小さい x の値であるということ，つまり 1 単位分遅れて同じ値をとっているということです（理由を考えてください）．そこで，$y=|x|$ のグラフの各点を 1 だけ左に移動させると，$y=|x+1|$ のグラフの点となります．たとえば，点 $(-1,1)$ から点 $(-2,1)$ が得られます（図 3.6）．したがって，関数 $y=|x+1|$ の全体のグラフは関数 $y=|x|$ のグラフを x 軸に平行に 1 だけ左に移動させて得られます．

例題． 関数

$$y=|x-1|$$

のグラフを描きなさい．

解． この関数のグラフと関数 $y=|x|$ のグラフを比べ

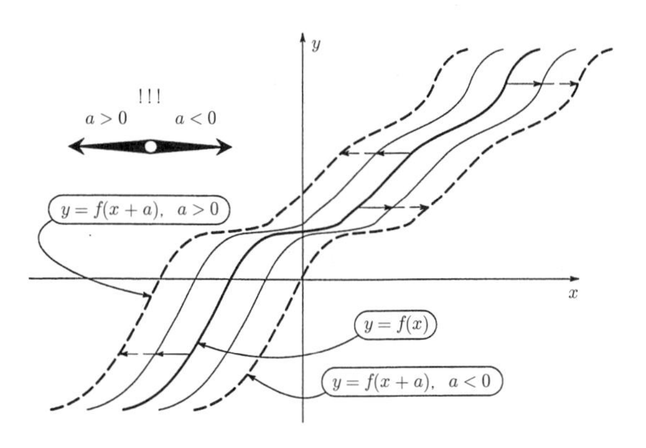

$$f(x) \Rightarrow f(x+a)$$

関数 $y=f(x+a)$ のグラフは関数 $y=f(x)$ のグラフを x 軸方向に $-a$ 移動させて得られる．マイナス符号に注意する（移動の方向は $a>0$ なら左方向，$a<0$ なら右方向）．

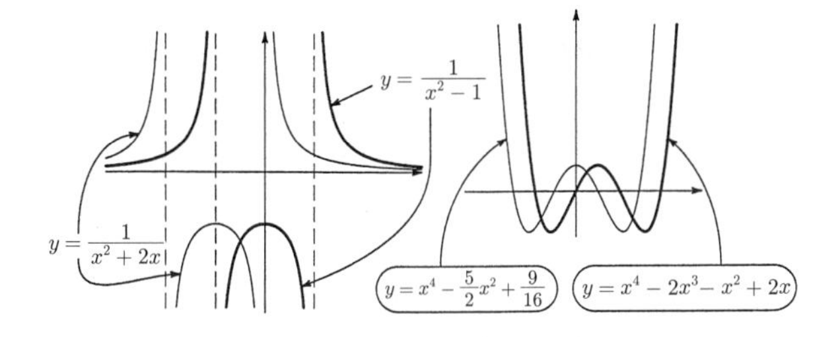

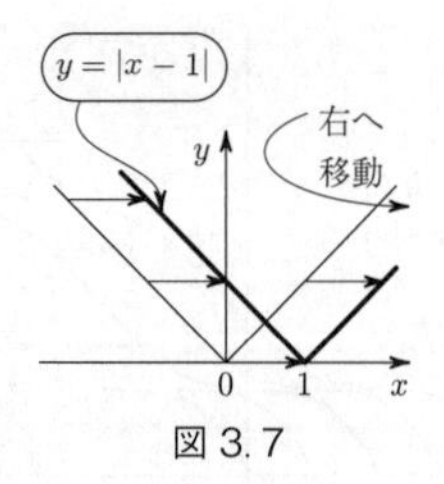

図 3.7

ます．点 $A(a, |a|)$ を $y=|x|$ のグラフ上の点とすると，$y=|x-1|$ のグラフ上の y 座標が同じ $|a|$ である点は，点 $A'(a+1, |a|)$ です．後者のグラフの点は，はじめのグラフの点 $A(a, |a|)$ を x 軸に平行に 1 だけ右に移動させて得られます．こうして，関数 $y=|x-1|$ のグラフ全体は関数 $y=|x|$ のグラフ全体を x 軸に平行に 1 だけ右に移動させて得られます（図 3. 7）．

このことを，「関数 $y=|x-1|$ は関数 $y=|x|$ よりもいくらか（つまり，1 だけ）遅れて同じ値をとる」とも言えます．

x 軸に平行な移動は，多くのグラフを描く上で便利です（59 ページ参照）．

練習問題

3-1．関数 $y=|x|+3$ と関数 $y=|x+3|$ のグラフを描きなさい．

3-2．関数 $y=\dfrac{1}{x^2-2x+2}$ のグラフを描きなさい．

指示．分数 $\dfrac{1}{x^2-2x+2}$ の分母を $(x-1)^2+1$ と書き変え，

図 1.5（30 ページ）を活用しなさい．

3-3. 関数 $y=x^4-5x^2+4$ は 4 つの根[2] $x=-2,-1,1,2$ をもちます．次の問に答えなさい．

(a) 関数 $y=x^4-5x^2+4$ のグラフを描きなさい．

(b) 関数 $y=x^4+4x^3+x^2-6x$ のグラフは，関数 $y=x^4-5x^2+4$ のグラフを左に 1 だけ移動させて得られることを示しなさい[3]．

(c) 次の方程式の解を求めなさい．☒

$$x^4+4x^3+x^2-6x=0$$

x 軸に平行な移動，y 軸に平行な移動が役立つのは，グラフを描くときだけではありません．

例題. $x=3$ のとき，$y=-5$ となる 1 次関数をすべて求めなさい．

解. 問題を幾何学の言葉で述べると，「点 $(3,-5)$ を通るすべての直線を求めなさい」となります．原点を通るすべての直線（ただし垂直線を除く）の方程式は，$y=kx$ の形に書かれます．この直線を，与えられた点 $(3,-5)$ を通るように移動させます．つまり，最初に右に 3，次に下に 5 だけ移動させます（図 3.8）．最初の移動で方程式 $y=k(x-3)$ が得られ，次の移動で $y=k(x-3)-5$ が得られます．

答. $x=3$ のとき，値 $y=-5$ をとる 1 次関数は k を任

---

2)［訳注］「関数 $y=f(x)$ の根」とは，方程式 $f(x)=0$ の解のことです．

3) 公式 $(x+1)^4=x^4+4x^3+6x^2+4x+1$ を使うとよい．

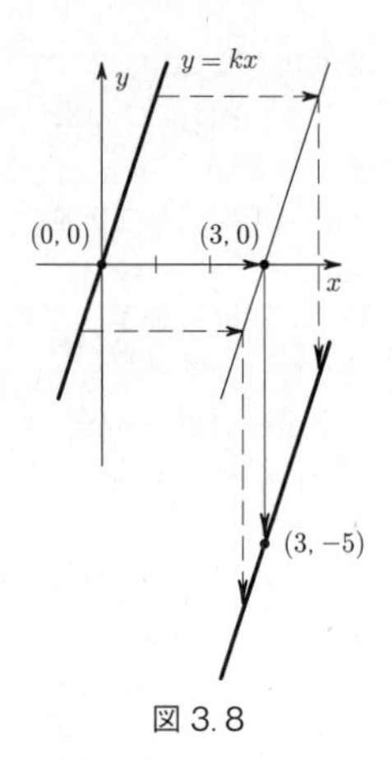

図 3.8

意の実数として $y=k(x-3)-5$ の形です（この例題と50 ページの練習問題 2-6 とを比べてください）.

§4 関数 $y=|f(x)|$ のグラフ

例題. 関数 $y=|2x-1|$ のグラフを描きない.

解. このグラフは直線 $y=2x-1$ のグラフから得られます（図 3.9）.

グラフが x 軸より上にあるところでは y は正，すなわち $2x-1>0$ です．つまりこの区間では $|2x-1|=2x-1$ であって，描こうとしている関数 $y=|2x-1|$ のグラフは関数 $y=2x-1$ のグラフと同じです．また，$2x-1<0$ であるところでは（すなわち直線 $y=2x-1$ が x 軸の下側を通るとき）$y=-(2x-1)$ です．つまり，この区間で

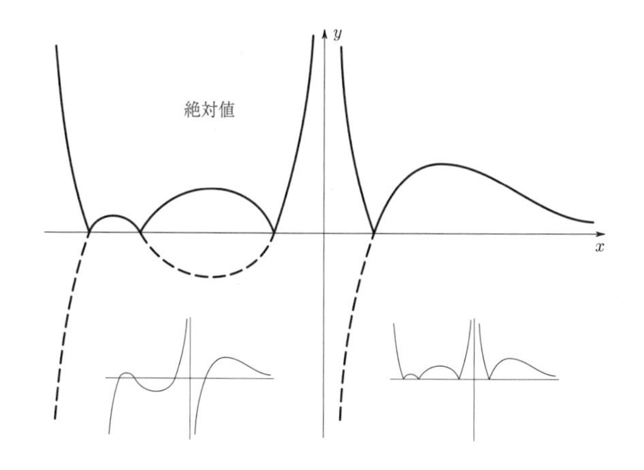

$$f(x) \Rightarrow |f(x)|$$

関数 $y = f(x)$ のグラフをもとに関数 $y = |f(x)|$ のグラフを描くには，$y = f(x)$ のグラフの x 軸より上側部分はそのままにし，下側部分を x 軸に関して線対称に折り返して得られる．

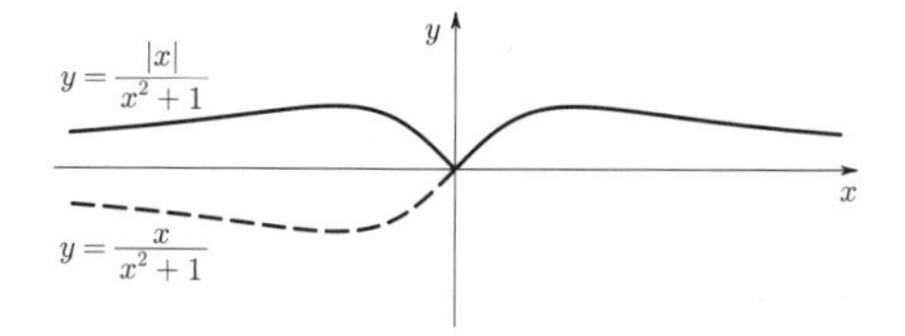

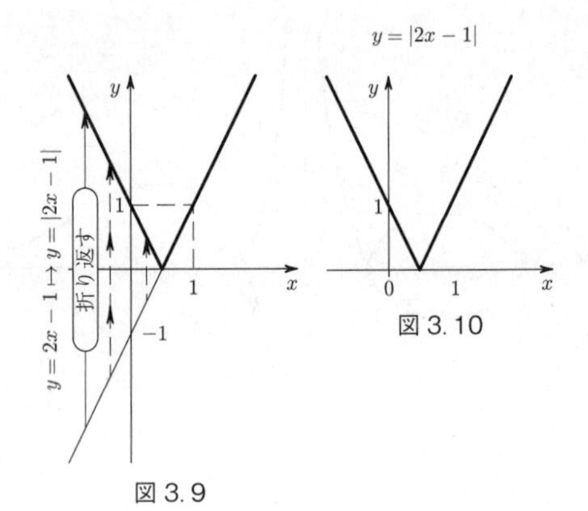

図 3.9

図 3.10

は $y=2x-1$ のグラフから関数 $y=|2x-1|$ のグラフを描くには，直線 $y=2x-1$ の各点の y 座標の符号を変えなければなりません．言い換えると，この直線を x 軸で折り返すということであって，こうして図 3.10 を得ます．

練習問題

3-4. 関数 $y=x^4-2x^3-x^2+2x$ のグラフ（34 ページ，図 1.8）を利用して

$$y=|x^4-2x^3-x^2+2x|$$

のグラフを描きなさい．

§5 関数 $y=f(|x|)$ のグラフ

例題. 関数

$$y=\frac{1}{x^2-2x+2} \tag{1}$$

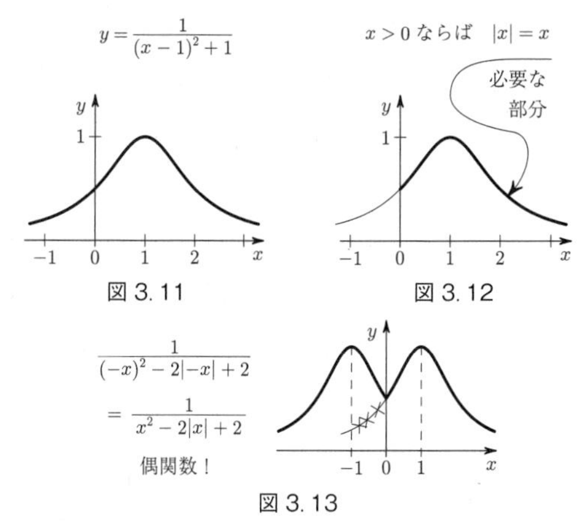

図 3.11

図 3.12

図 3.13

のグラフ（図 3.11）を利用して，次の関数のグラフを描きなさい．

$$y=\frac{1}{x^2-2|x|+2} \tag{2}$$

解．独立変数 x の値が正のとき，すなわち $x>0$ のときには $|x|=x$ であるので，$\dfrac{1}{x^2-2|x|+2}=\dfrac{1}{x^2-2x+2}$ です．

したがって，グラフ（2）の y 軸より右側は（1）のグラフに一致します（図 3.12）．（2）のグラフの左半分を描くには，関数 $y=\dfrac{1}{x^2-2x+2}$ が偶関数であることに注目します．つまり，（2）のグラフの左半分は，右半分を y 軸で線対称に折り返すことで得られます（図 3.13）．

一般の場合にもこのことが成り立ちます．関数 $y=f(x)$ のグラフを利用して関数 $y=f(|x|)$ のグラフを描くには，まず y 軸より右側の部分を描き，それを y 軸に関して線対称にそのまま折り返して，左側半分を得ればよいのです．

練習問題

3-5. 次の関数のグラフを描きなさい．

(a) $y=|2x-1|$

(b) $y=2|x|-1$

(c) $y=2|x-1|$

3-6. 次の関数のグラフを描きなさい．

(a) $y=4-2x$

(b) $y=|4-2x|$

(c) $y=4-2|x|$

(d) $y=|4-2|x||$

§6 関数の折れ線グラフ

例題. 関数 $y=|x+1|+|x-1|$ のグラフを描きなさい．

解. はじめに，この関数の項 $y=|x+1|$ と $y=|x-1|$ を別々に描きます．

関数の2つの項の同じ x の値ごとに y 座標を求め，それらを加えて，求められている例題の関数のグラフを描きます．この方法によるグラフの描き方を図3.14に示してあります．

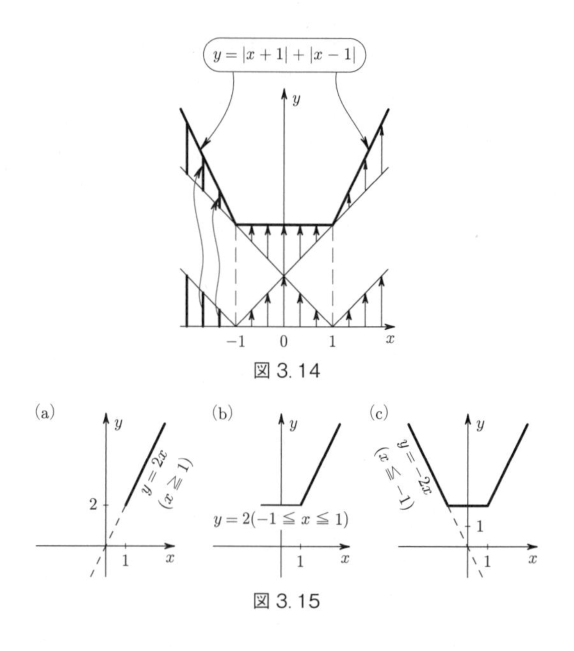

図 3.14

図 3.15

この折れ線を得るには，「折れ点」[4]を境目にして直線の線分をつなげばよいことがわかります．ここで，折れ線の線分の方程式を書いて，このことを確かめましょう．

式 $|x+1|$ と式 $|x-1|$ を，絶対値記号内の式の値がとる符号に応じて展開します．

4）［訳注］図 3.14 の x 軸上の点 $(-1, 0)$, $(1, 0)$ に立てた点線と折れ線との交点のこと．

区間 $x \geqq 1$ では $|x+1|=x+1$ であり，$|x-1|=x-1$ です．したがって，この区間では関数は $y=2x$ の形になります（図 3. 15a）．

区間 $-1 \leqq x \leqq 1$ では $y=(x+1)+(1-x)=2$ であって，関数はこの区間で定数です（図 3. 15b）．

最後に,，区間 $x \leqq -1$ では関数の形は $y=-2x$ です（図 3. 15c）．

結局，上で「加え合わせ」によって得られたのと同じグラフが得られました．

練習問題

3-7. 関数 $y=|x|+|x+1|+|x+2|$ のグラフの「折れ点」を求めなさい．この関数のグラフである折れ線のそれぞれの部分の方程式を書きなさい．

3-8. 次の関数のグラフを描きなさい．

(a) $y=|x+1|-2x+1$

(b) $y=|x+1|+x^2+1$

3-9. 図 3. 16 にグラフが描かれている関数は式

$$y=0, \quad x<0 \text{ のとき}$$
$$y=2x, \quad x \geqq 0 \text{ のとき}$$

で与えることができます．この式を 1 つの数式で表しなさい．⊠

3-10. グラフが（a）図 3. 17，（b）図 3. 18 に描かれていま

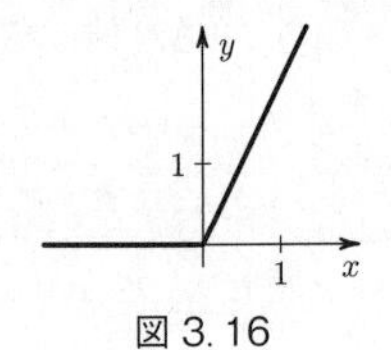

図 3. 16

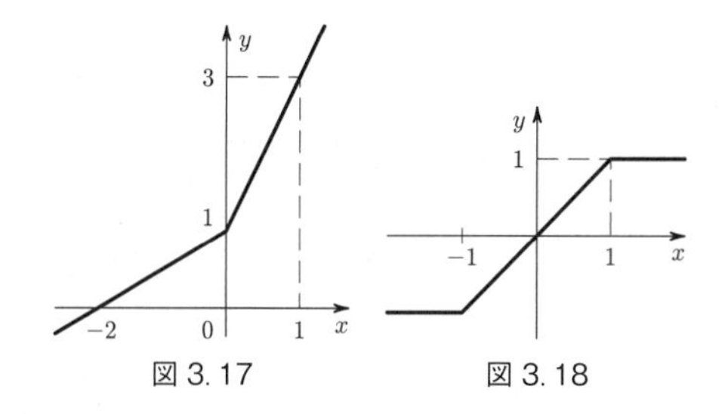

図 3.17　図 3.18

す．これらのグラフの関数を書きなさい．☒

指示． グラフが折れ線である関数は，1 次関数と絶対値記号の付いたいくつかの 1 次式との和の形で表せます．この問題 (a) では，求める式を $y=ax+b+c|x|$ の形に書きなさい．

3-11． 関数

$$y=|x-2|+|x|+|x+2|+|x+4|$$

の最小値を求めなさい．☒

3-12． 関数 $y=[x]$ のグラフ（図 0.4）と関数 $y=x$ のグラフ（図 2.1）をもとにして，関数 $y=x-[x]$ のグラフを描きなさい．☒

指示． グラフの「引き算」を用いなさい．

注意． 関数 $y=x-[x]$ はいろいろな問題で現れるもので，「x の小数部分」という特別な名前がつけられていて，$x-[x]=\{x\}$ と表されます．

和 $[x]+\{x\}$ は何に等しいか考えなさい．$\{x\}$ は負になることはありますか．また，次の値を求めなさい．

$$\{2.5\},\quad \{-2.5\},\quad \{0\},\quad \left\{\frac{5}{3}\right\}$$

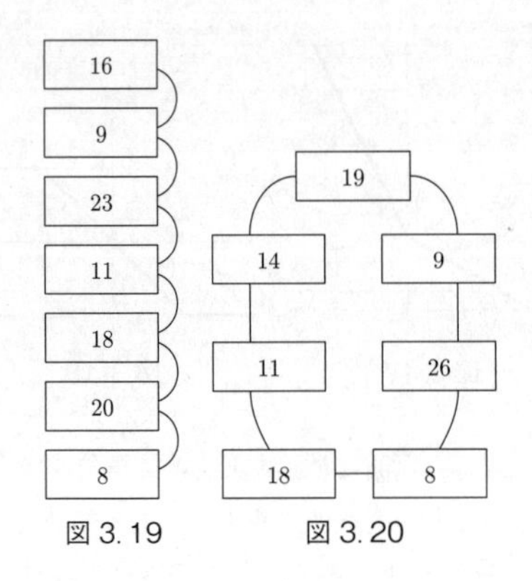

図 3.19　　図 3.20

この章の終わりに，一見したところでは，この章で学んだこととは無関係に見える次の問題を解きなさい．これに似た問題（178ページ）の解を理解し納得できれば，この問題が本章の内容と無関係ではないことがわかるでしょう．

3-13.[5]（a）7個のマッチ箱が一列に並んでいます．箱の中にはマッチ棒がそれぞれ16本，9本，23本，11本，18本，20本，8本入っています（図3.19）．これらのどの箱からも，隣り合う箱へマッチ棒を移動させることができます．マッチ棒を移して，すべての箱のマッチが同じ本数になるようにするとき，移動させるマッチの総本数が最小になるようにするにはどのように移せばよいですか．☒

5）この問題の出題と解答はM. L. ツェトリンさんによるものです．

(b) こんどは，7 個のマッチ箱が円周上に並べられていて，箱の中にはマッチ棒がそれぞれ 19 本，9 本，26 本，8 本，18 本，11 本，14 本入っています（図 3. 20）.（a）と同様，どの箱からも隣り合う箱にマッチ棒を移動させます．マッチ棒を移して，すべての箱のマッチが同じ本数になるようにするとき，移動させるマッチの総本数が最小になるようにするにはどのように移せばよいですか．☒

注意．これらの問題に正しく完全に答えるためは，マッチの最小の総本数を答えるだけでなく，実際にその本数でできるかを確認し，マッチの移し方を具体的に示さなければなりません．

第4章　2次関数

§1　放物線

関数

$$y = x^2$$

を考えます．読者のみなさんは，きっとこの関数のグラフを描いたことがあり，その曲線が**放物線**という特別な名前で呼ばれることも知っているでしょう．関数 $y = ax^2$ のグラフは関数 $y = x^2$ のグラフを y 軸方向に引き延ばしたもので，これもやはり放物線と呼ばれます．

興味深いことに，これらすべての放物線は互いに相似であり（補充問題 19 （179 ページ）参照），それゆえ，単位長さを適切に選ぶことによって $y = ax^2$ の形の式で表されるどんな関数のグラフも描くことができます．

練習問題

4-1．図 4.1 に放物線が描かれています．これは，関数 $y = x^2$ のグラフであることがわかっています．座標軸に目盛りをいれなさい（単位長さは両軸で同じとします）．

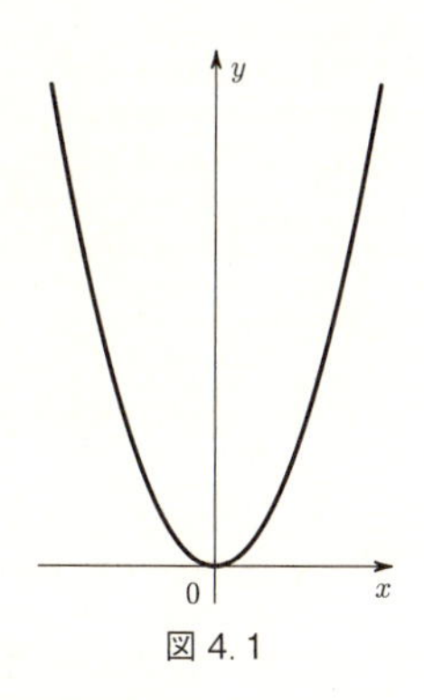

図 4.1

§2　2次関数の値の増え方

独立変数 x が同じ大きさで変化するとき，すなわち等差数列をなすとき，関数 $y=x^2$ の値はどのように変わるかを見てみます．わかりやすいように x の値が正であって，たとえば $1, 2, 3, 4, \cdots$ であるとします．このとき，関数 y の値は $1, 4, 9, 16, \cdots$ となります．

この例から，関数 $y=x^2$ は1次関数の場合と違い，等差数列を作らないことがわかります．

そこで，独立変数 x と関数 y の2要素だけが書かれたこれまでの数値表に，もう1列追加することにします(図4.2)．x が1だけ増えたとき，y がどれだけ変わるかを新たに書き入れるのです．たとえば，独立変数の値が $x=2$ から $x=3$ に変わると，関数 $y=x^2$ の値は $y=4$ から $y=9$ に変わります．関数の変化する量——数学では一般に**増分**といいます——は，この場合 $9-4=5$ です．

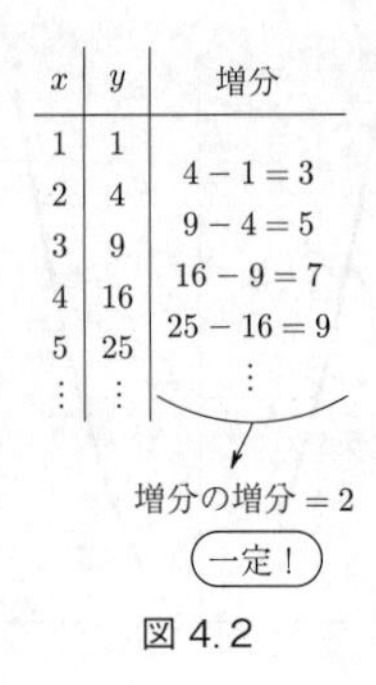

x	y	増分
1	1	
2	4	$4-1=3$
3	9	$9-4=5$
4	16	$16-9=7$
5	25	$25-16=9$
⋮	⋮	⋮

図 4.2

このような計算で得た値を，独立変数 x の該当する値での関数 $y=x^2$ の増分[1]として，表の第3列に記入します．すると表からわかるように，関数 $y=x^2$ では x が同じ大きさずつ増えるのにつれて，y の値そのものだけでなく y の増分も大きくなります．このことは，グラフからもわかります．関数 $y=x^2$ の曲線は，x の絶対値が大きくなるにつれて上に向かう傾きがますます大きくなっています．一方，一様に変化する1次関数のグラフでは，x 軸と同じ角度でどこまでも一定のまま進みます（図 4.3）．

ここで注目すべきは，変数 x が一定の増分で変化するとき，関数 $y=x^2$ の増分は等差数列をなすということです．このことを一般化した形で証明してみなさい．す

1）「増分」は日常の言葉では「増加」です．関数の増分は，当然，負であることもあり得ます（たとえば，変数 x が負であるときの関数 $y=x^2$ の増分が負であるように）．このときには，変数 x の値が増すと関数 y は減少します．

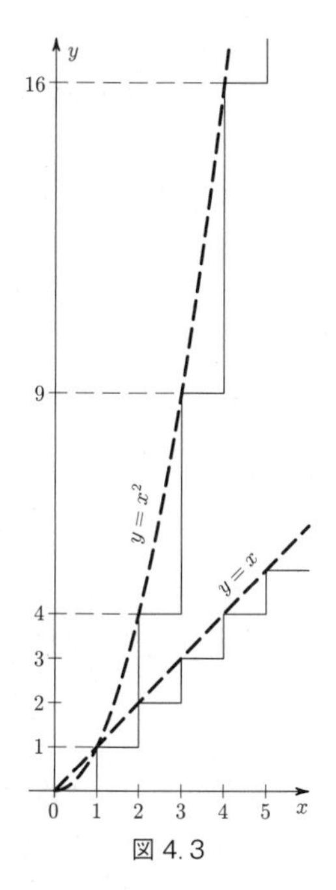

図 4.3

なわち，「変数 x が等差数列 $a, a+d, a+2d, \cdots, a+nd, \cdots$ をなすとき，これに対応する 2 次関数 $y=x^2$ の増分の値もまた等差数列になる」ことを証明してみなさい．

この性質は，$y=ax^2+bx+c$ の形で表されるすべての 2 次関数がもっています．つまり，変数 x が一定値で増大すると，関数 y の増分もまた一定値で増大します．

たとえば，独立変数 t は時間で，関数 s は移動距離であるとします（物理学での慣習にしたがって，記号をこれまでとは変えて，x を t とし，y を s とします）．こうすると式 $s=vt$ は，速度 v で一様な直線運動をしている物体が，t 時間のあいだに進む距離を表します．一定の加速度 a をもつ直線運動の場合なら，進む距離 s は（初速度を0として）時間 t の式 $s=\dfrac{at^2}{2}$ で表されます．

等速度運動では，経過時間が同じであれば進む距離は同じです．すなわち，独立変数の増分に対応する関数の値はいつも同じです．つまり，1次関数は等差数列になります．

等加速度運動では，かかる時間が同じであれば進む距離の増分は同じです．すなわち，2次関数の増分はいつも同じです．つまり，2次関数の増分は等差数列になります．

練習問題

4-2. 2次関数 $y=x^2+x-3$ について，74ページの3列の表（独立変数の値，関数の値，増分の値を記入したもの）にならって，x の値が $-3, -2, -1, 0, 1$ のときの表を完成させなさい．そして，その表にもう1列追加して，隣り合う2つの増分の差を記入しなさい．

関数 $y=x^2+3x+5$ についても同じように表を作り，2つの表を比べなさい．さらに，関数 $y=2x^2+3x+5$ ではどうですか．

4-3. 図4.4に描かれているように，x 軸の正の部分の目盛りは等間隔であって，関数 $y=x^2$ のグラフがこれらの目盛りを y 軸上の点 $A_1, A_2, A_3, \cdots$ へ移すとします．このとき，y 軸上に移された点は等間隔ではなく，y 軸を線分 $OA_1, A_1A_2,$

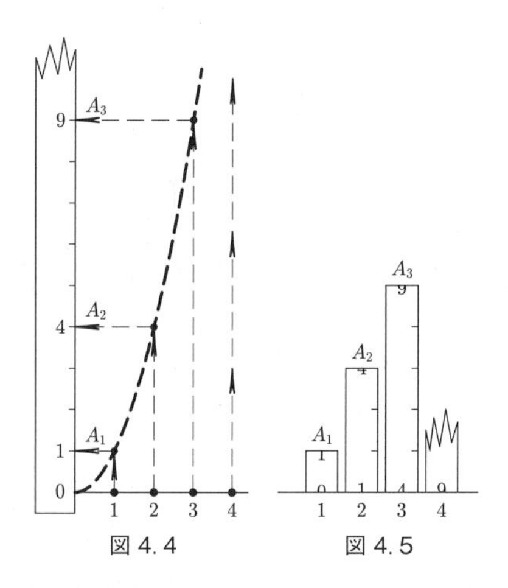

図 4.4　図 4.5

$A_2A_3, \cdots$ に分割します．これらの線分を $OA_1, OA_2, OA_3, \cdots$ として，x 軸上の点 $1, 2, 3, \cdots$ の上に等間隔に並べて立てるとしてみます（図 4.5）．このとき，これらの線分の上端点はどんな曲線を描きますか．理由とともに答えなさい．

§3　2次関数 $y=x^2+px+q$ のグラフ

$$y = x^2 + px + q$$

で表される関数のグラフを考えます．この関数のグラフは放物線 $y=x^2$ と形が同じであって，座標軸との位置関係が違うだけであることを示しましょう．

最初に，具体的な例として $y=x^2+2x+3$ を考えます．この式を平方完成すると，$y=(x+1)^2+2$ となります．

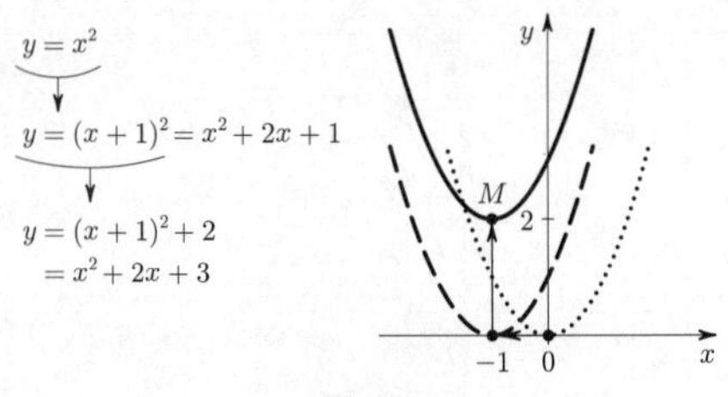

図 4.6

$y=(x+1)^2$ のグラフは放物線 $y=x^2$ を，x 軸に平行に移動させることで描けます（どちらの側に移動させるか考えなさい）．そして，$y=(x+1)^2$ のグラフをもとにすれば $y=(x+1)^2+2$ のグラフを簡単に描くことができます（図 4.6）．

このように，関数 $y=x^2+2x+3$ のグラフは放物線 $y=x^2$ を左に 1 だけ，上に 2 だけ移動させて得られます．$y=x^2$ では座標原点にあった放物線の頂点は，この移動によって点 $(-1, 2)$（図 4.6 の点 M）に移ります．

例題． 関数 $y=x^2+6x+5$ の最小値を求めなさい．

解． この関数の値が最小となるのは，放物線 $y=x^2+6x+5$ の頂点においてです．そこで，頂点の座標を求めるために，まず平方完成をして $x^2+6x+5=(x+3)^2-4$ とします．こうすることで，この放物線が $y=x^2$ を x 軸に平行に左へ 3 だけ，y 軸に平行に下へ 4 だけ移動させたものであることがわかります．

答． 与えられた関数の最小値は -4 です．

ここで，$y=x^2+px+q$ の形で表されるどんな 2 次関数のグラフも放物線 $y=x^2$ を移動させて得られることを証明します．そのために，上で行った平方完成をここでも行って $y=(x+m)^2+n$ の形に書きます．この式の括弧の中の m, n はどちらも x を含んでいません[2)]．

この式の括弧の中を展開すると $x^2+2mx+m^2$ となり，x の1次の項は $2mx$ となります．これはもとの式では p であるので，$2m=p$ が成り立ち，$m=\dfrac{p}{2}$ となります．したがって

$$
\begin{aligned}
y &= x^2+px+q \\
&= \left(x+\frac{p}{2}\right)^2+n \\
&= x^2+px+\frac{p^2}{4}+n
\end{aligned}
$$

となります．

ここで，1行目と3行目の定数項が等しいことに着目して，$q=\dfrac{p^2}{4}+n$ すなわち $n=q-\dfrac{p^2}{4}$ が得られます．

こうして，$y=x^2+px+q$ を

$$
y=\left(x+\frac{p}{2}\right)^2+q-\frac{p^2}{4}
$$

と書き換えることができました．

---

2) ［訳注］一般に，ax^2+bx+c を $a(x+m)^2+n$ の形に変形することを「平方完成」といいます．ここは $a=1$ の場合の平方完成のやり方を述べています（以下，原書の記述をやや簡単にしてあります）．

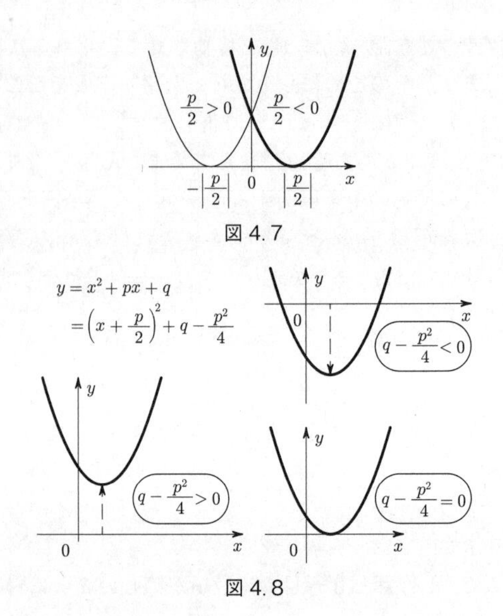

図 4.7

図 4.8

以上から，次のこともわかりました．

関数

$$y=x^2+px+q$$

のグラフは，放物線 $y=x^2$ を x 軸に平行に $-\frac{p}{2}$ だけ移動させ（図 4.7）[3]，y 軸に平行に $q-\frac{p^2}{4}$ だけ移動させたものである（図 4.8）．

3）「x 軸に平行に $-\frac{p}{2}$ だけ移動させる」とは，$\frac{p}{2}>0$ ならば左へ，$\frac{p}{2}<0$ ならば右へ移動させることです．

この放物線の頂点 M の x 座標は $x_M = -\dfrac{p}{2}$ であり，y 座標は $y_M = q - \dfrac{p^2}{4}$ です．

練習問題

4-4. 次の関数のグラフを描きなさい．

(a) $y = (x+2)^2 + 3$　　(b) $y = (x+2)^2 - 3$

(c) $y = (x-2)^2 + 3$　　(d) $y = (x-2)^2 - 3$

4-5. 関数 $y = x^2 + px + q$ のグラフである放物線の頂点が $(-1, 2)$ であるとき，p, q の値はいくらですか．

§4　2次関数 $y = ax^2 + bx + c$ のグラフ

$y = ax^2$ のグラフをもとにすれば，x^2 の係数が 1 とは限らない一般的な形の 2 次関数 $y = ax^2 + bx + c$ のグラフを簡単に描くことができます．

例として，関数 $y = \dfrac{1}{2}x^2 - 3x + 6$ を考えます．x^2 の係数を括弧の外に出して

$$y = \frac{1}{2}x^2 - 3x + 6 = \frac{1}{2}(x^2 - 6x + 12)$$

とし，平方完成をして括弧内の式を書き変えます．

$$\begin{aligned} \frac{1}{2}(x^2 - 6x + 12) &= \frac{1}{2}(x^2 - 2\cdot 3x + 9 + 3) \\ &= \frac{1}{2}((x-3)^2 + 3) \end{aligned}$$

結局

$$y = \frac{1}{2}(x-3)^2 + \frac{3}{2}$$

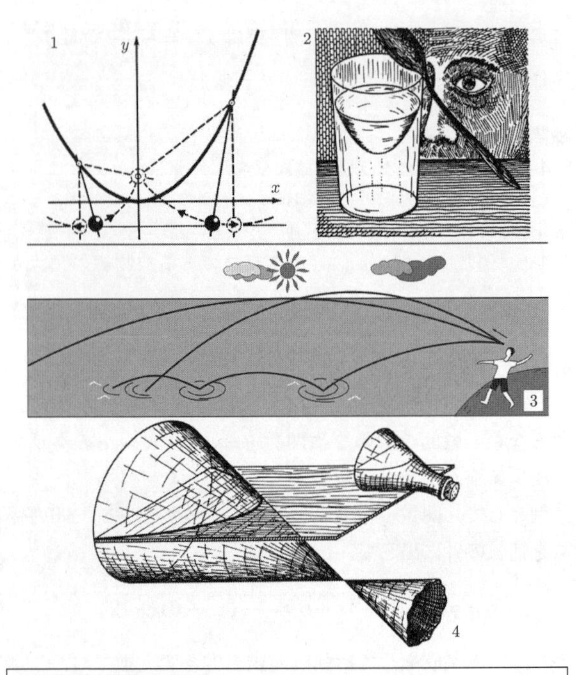

放物線がもつ面白い性質

1. 放物線上のどの点も，その点から焦点と呼ばれる点までの距離が，準線と呼ばれる直線までの距離と等しくなります[4)]．

2. 放物線を対称軸（たとえば $y=x^2$ では y 軸）のまわりに回転させると，「回転放物面」と呼ばれる面白い曲面が得られます．

液体の入ったコップを回転させると，液体の表面は回転放物面になります．コップに水をいくらか入れて，小さなスプーンで勢いよくかきまぜた後に，スプーンをそっと抜くとこの曲面が見られます．

3. 適当な角度から石を水面に向かって投げると，石は放物線を描いて飛んでいきます．

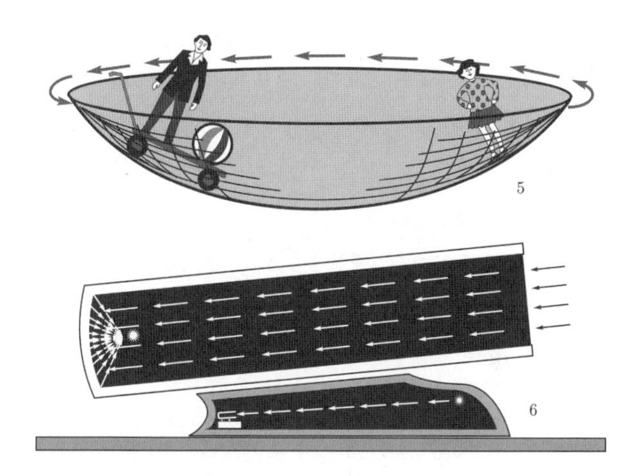

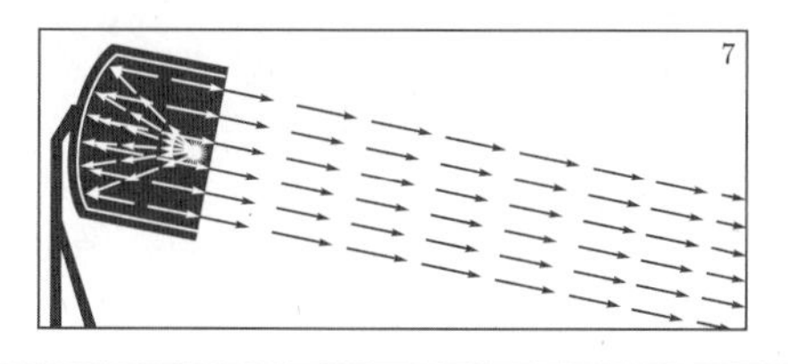

4. 円錐の表面と母線[5]に平行な平面との交わりは放物線になります.

5. 遊園地では「奇跡の放物面」というアトラクションのあることがありますが，そのしかけの放物面に立つと，床に立っているのに，まるで壁に立っているかのように感じられます[6].

6. 放物面は反射望遠鏡にも使われます．遠方の星からの光は，望遠鏡の胴を通って放物面で反射し，焦点に集まります.

7. 反射鏡にはふつう，回転放物面の形をした鏡が用いられます．この放物面の焦点に光源を置くと，放物面で反射した光は平行になります.

となります．

ところで，すぐわかるように $y=\frac{1}{2}(x-3)^2+\frac{3}{2}$ のグラフは，放物線 $y=\frac{1}{2}x^2$ を右に3だけ，上に $\frac{3}{2}$ だけ移動させて得られます．

練習問題

4-6. 次の関数のグラフを描きなさい．頂点の座標，および座標軸との交点の座標を明確にすること．

(a) $y=x-x^2-1$ (b) $y=1-3x^2-2x$

(c) $y=10x^2-10x+3$

(d) $y=0.125x^2+x+2$

4-7. 放物線 $y=ax^2$ を x 軸，y 軸に平行に移動させて，2次関数 $y=ax^2+bx+c$ のグラフを描きなさい．☒

4-8. 関数 $y=2x^2-4x+5$ の，次の区間における最小値を求めなさい．☒

(a) $x=0$ から $x=5$ まで $(0\leqq x\leqq 5)$

(b) $x=-5$ から $x=0$ まで $(-5\leqq x\leqq 0)$

指示. 関数 $y=2x^2-4x+5$ のグラフを利用しなさい．

4-9. (a) 放物線 $y=x^2$ を，y 軸方向に2倍に伸ばし，続い

---

4) ［訳注］93〜95ページを参照．

5) ［訳注］円錐の母線（ぼせん）とは，円錐の頂点と，底面の縁の任意の一点とを結ぶ線分のことです．頂点となる位置で線分の端点を固定し，もう一方の端点が縁を沿うように線分を一周させると円錐の側面が得られることから，母線と呼ばれるのです．

6) 2と5の現象は放物面の同じ性質によるものです．放物面を垂直軸の周りに回転させると，放物面上のどの点でも，重力と遠心力の合力が面に対して垂直になるということです．

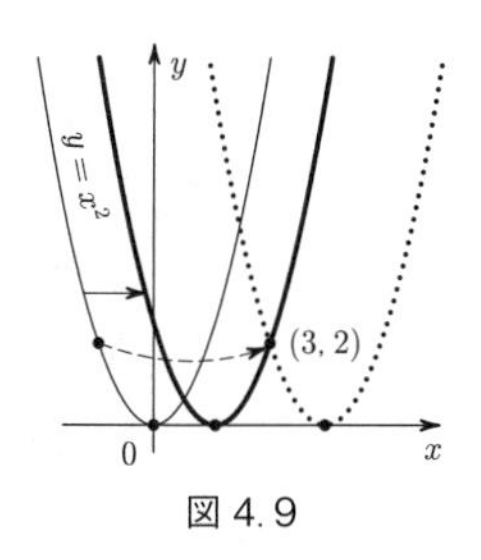

図 4.9

て y 軸に平行に下へ 3 だけ平行移動させるとどんな関数のグラフになりますか.

(b) (a) とは順序を逆にして, はじめに y 軸に平行に下へ 3 だけ平行移動させてから, y 軸方向に 2 倍に伸ばすとどんな関数のグラフになりますか.

(c) これらの関数のグラフを描きなさい.

4-10. 放物線 $y=x^2+x+1$ を得るためには, 放物線 $y=x^2-3x+2$ を x 軸, y 軸に平行にどれだけ移動させればよいですか.

4-11. 放物線 $y=x^2$ を x 軸に平行に移動させて, (3, 2) を通るようにしなさい (図 4.9 参照). このとき, どんな関数のグラフが得られますか

§5 2 次方程式 $x^2+px+q=0$ の根

ここで, 関数 $y=x^2+px+q$ のグラフから, 2 次方程式 $x^2+px+q=0$ の根についてどのようなことが言えるかを調べます.

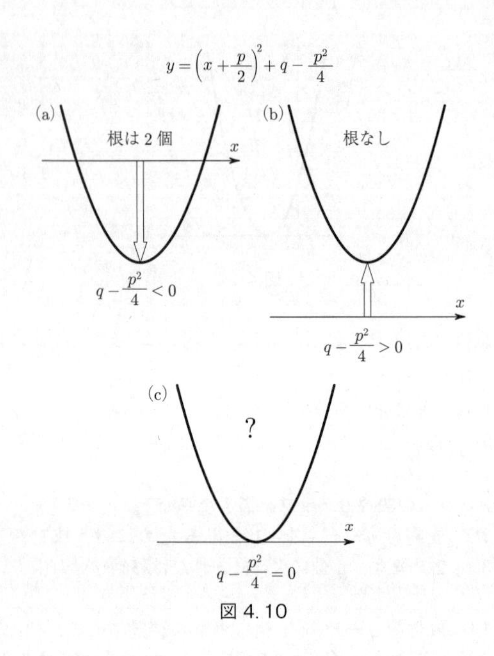

図 4.10

方程式の根[7]とは，関数 $y=x^2+px+q$ の値が0になる x の値のことをいいます．この x の値に対応するグラフ上の点は，x 軸上にあります．

ここで，2次関数 $y=x^2+px+q$（変形して $y=\left(x+\frac{p}{2}\right)^2+q-\frac{p^2}{4}$）のグラフは，放物線 $y=x^2$ を y 軸に平行

7）［訳注］日本の中等教育では一般に「方程式の根」ではなく「方程式の解」といいます．

に $q-\frac{p^2}{4}$（さらに x 軸に平行に $-\frac{p}{2}$）移動させて得られることをすでに学んでいます．$q-\frac{p^2}{4}<0$ であれば放物線は下方向に移動し（図 4.10a），x 軸と 2 点で交わるため，方程式 $x^2+px+q=0$ は根をもちます．$q-\frac{p^2}{4}>0$ であれば放物線は上方向に移動し（図 4.10b），グラフは完全に x 軸の上側にあるため，方程式 $x^2+px+q=0$ は根をもちません[8]．

また，$q-\frac{p^2}{4}=0$ であれば（図 4.10c），方程式 $x^2+px+q=0$ は方程式 $\left(x+\frac{p}{2}\right)^2=0$ となります．この場合には特別な興味があります．それを詳しく考えてみます．

方程式 $x-2=0$ の根は $x=2$ ただ1つです．方程式 $(x-2)^2=0$ の根もやはり $x=2$ だけです．それは，この $x=2$ 以外のどんな x の値も方程式 $(x-2)^2=0$ を満たすことはないからです．

ところが，はじめの場合は「方程式 $x-2=0$ は1つの根をもつ」といい，後の場合は普通「重根，あるいは2つの等しい根 $x_1=2$ と $x_2=2$ をもつ」といいます．

この違いをどう説明すればよいでしょうか．

いくつかの説明が可能ですが，その1つは次のようなものです．はじめの方程式 $x-2=0$ を少し変えて，右辺の0をある小さな数にしてみます．すると，根の値は当然変わりますが，根が1つであることには変わりありません．方程式を満たす数は1つだけです．たとえば，方

8）［訳注］この本では実数の根（実根）だけを考えます．

程式 $x-2=0.01$ の根は $x=2.01$ の1つだけです．

今度は，2番目の方程式 $(x-2)^2=0$ で同様の変更を行うと次のようになります．

$$(x-2)^2=0.01 \quad \text{すなわち} \quad x^2-4x+3.99=0$$

この方程式は2つの根，$x_1=2.1$ と $x_2=1.9$ をもちます．そこで，方程式 $(x-2)^2=0.01$ の右辺をどんどん小さくしていくと考えると，右辺が小さくなるにしたがって2つの根の差はますます小さくなって，互いに「近づいて」いきます．右辺が0になる最終段階では，2つの根は1つに「合体」して，互いに等しくなります．

以上のことを，「方程式

$$(x-2)^2=0$$

の根は，1つの2重根に合体する2つの根をもつ」と表します．

根が合体することは，幾何学的には放物線

$$y=(x-2)^2$$

が x 軸に接することに相当します．

一般的な2次関数 $y=x^2+px+q$ の場合を考えることにします．最初に，定数項 q が $\dfrac{p^2}{4}$ より小さく（すなわち $q-\dfrac{p^2}{4}<0$），したがって放物線 x^2+px+q が x 軸と2点で交わるものとします（図4.11a）．定数 q の値を大きくしていくと，放物線は上方向に動いて，はじめのうちは x 軸と2点で交わったまま（したがって方程式 $x^2+px+q=0$ は異なる2つの根をもつ）ですが（図4.11b, c），2つの交点は互いに近づいていき，ある時点（$q-\dfrac{p^2}{4}=0$ と

なるとき）で合体して1点になります（図4.11d）．このとき，放物線 $y=x^2+px+q=\left(x+\frac{p}{2}\right)^2$ は x 軸に接し，方程式 $x^2+px+\frac{p}{4}=0$ は1つの重根をもちます．定数 q をさらに大きくしていくと（すなわち $q-\frac{p^2}{4}>0$ のとき），放物線は x 軸と交わらず，方程式 $x^2+px+q=0$ は根をもちません．

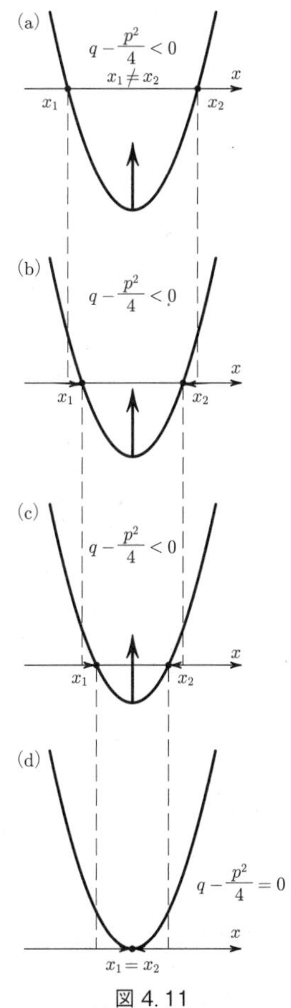

図4.11

例題．x 軸と2点 $x=3,\ -5$ で交わり，y 軸と点 $y=30$ で交わる放物線

$$y=ax^2+bx+c$$

を求めなさい．

解．この放物線を与える2次関数は

$$y=a(x-3)(x+5)$$

の形式で表されるはずです．

y 軸との交点は $x=0$ とすれば得られます．つまり，$x=0$ のときにこの関数の値は30でなければなりません．

$$a(-3)(+5)=30 \quad したがって \quad a=-2$$

となります.

答. 放物線の方程式は $y=-2x^2-4x+30$ です.

練習問題

4-12. (a) グラフが x 軸と2点 $x=2, 5$ で交わる関数 $y=x^2+px+q$ を求めなさい.

(b) グラフが x 軸と3点 $x=1, 2, 3$ で交わる関数 $y=x^3+px^2+qx+r$ を求めなさい.

(c) グラフが x 軸と101個の点 $x_1=-50, x_2=-49, x_3=-48, \cdots, x_{101}=50$ で交わる関数を見つけることはできますか.

また, このような多項式の次数のうち最も小さいのはいくらですか[9].

4-13. 方程式 $-x^2+6x-9=0$ は2つの等しい解をもちます. 次の問に答えなさい.

(a) この方程式の定数項 -9 を0.01だけ変えたとき, 方程式が2つの異なる根をもつことを確かめなさい.

(b) この方程式の x の係数6を0.01だけ変えた場合にも, (a) と同じ結果が得られますか.

4-14. 図4.12a, bに関数 $y=x^2+px+q$ のグラフを描いてあります. それぞれの p, q の値を求めなさい. そして, 頂点の座標がわかるようにグラフbを描き直しなさい.

4-15. 図4.13a, b, cに関数 $y=ax^2+bx+c$ のグラフを描いてあります. それぞれの a, b, c の値を求めなさい.

例題 (a). 不等式

---

9) ［訳注］多項式については第7章で学びます.

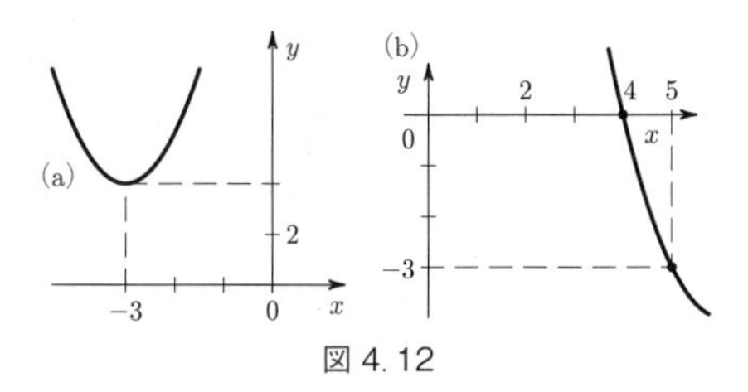

図 4.12

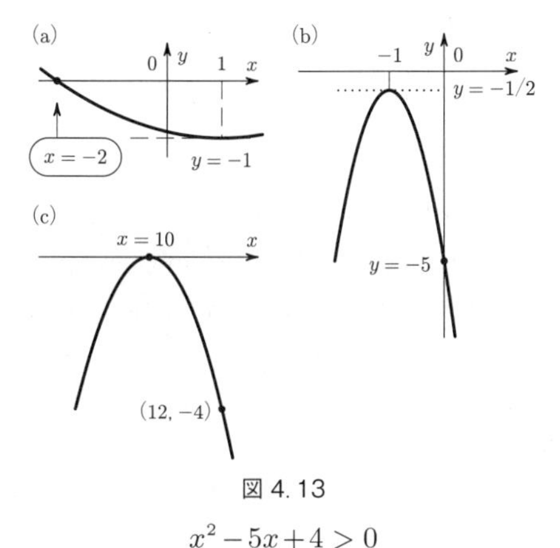

図 4.13

$$x^2-5x+4>0$$

を解きなさい.

解. 図 4.14 から, x が 1 より小さい区間と 4 より大きい 2 つの区間で関数 $y=x^2-5x+4$ は正になります.

答. $x<1$ または $x>4$.

例題 (b). 不等式

$$x-1<|x^2-5x+4|$$

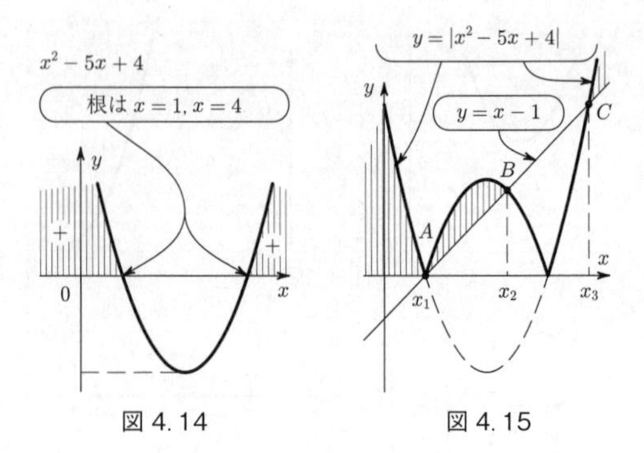

図 4.14　　図 4.15

を解きなさい.

解. 左辺の関数と右辺の関数, すなわち $y=x-1$ と関数 $y=|x^2-5x+4|$ のグラフを1つの座標平面上に描きます（図 4.15）. この図から, 直線 $y=x-1$ は $y=|x^2-5x+4|$ のグラフと3つの点 $A(x_1, y_1), B(x_2, y_2), C(x_3, y_3)$ で交わることがわかります. したがって, 条件 $x-1<|x^2-5x+4|$ は, 3つの区間 $x<x_1, x_1<x<x_2, x>x_3$ で満たされることになります. x_1 と x_3 の値は方程式 $x-1=x^2-5x+4$ から求まり, x_2 の値は方程式 $x-1=-(x^2-5x+4)$ から求まります.

答. $x<1$ または $1<x<3$ または $x>5$. つまり $x=1$ と $3\leqq x\leqq 5$ を除く x のすべての値です.

練習問題

4-16. 上の例題（b）の結果を用いて, 次の不等式を解きなさい．

(a)　$x-1>|x^2-5x+4|$

(b)　$x-1 \leqq |x^2-5x+4|$

4-17．関数 $y=x^2-5|x|+4$ について，x の値が -2 から 2 までの区間の最小値を求めなさい．

§6　放物線の焦点と準線

例題．関数 $y=x^2$ のグラフを描きなさい．縮尺は大きめにとって，2 cm を単位長さとし，それをさらに4等分します（つまり1マスの長さは5 mm）．y 軸上に点 $F\left(0, \dfrac{1}{4}\right)$ をとり，点 F から放物線上の任意の点 M までの長さを方眼紙上で測ります．そしてその長さの帯状の紙片を作り，一方の端を点 M でピンで止めて固定して，この点を中心に紙片を垂直になるように回転させると，帯のもう一端は x 軸よりも下にはみ出るはずです（どれほどはみ出るかを図4.16に示してあります）．次に放物線上に点 M とは別の点をとり，同じことをもう一度行います．今度は，帯の端は x 軸よりどれだけはみ出ますか．

この結果を前もって言ってしまえば，次のようになります．「放物線 $y=x^2$ 上のどの点をとっても，この点から点 $\left(0, \dfrac{1}{4}\right)$ までの距離は，この点から x 軸へ下ろした垂線の長さよりも $\dfrac{1}{4}$ だけ長い．」

このことは次のように言い換えることもできます．「放物線 $y=x^2$ 上の任意の点から点 $\left(0, \dfrac{1}{4}\right)$ までの距離は，

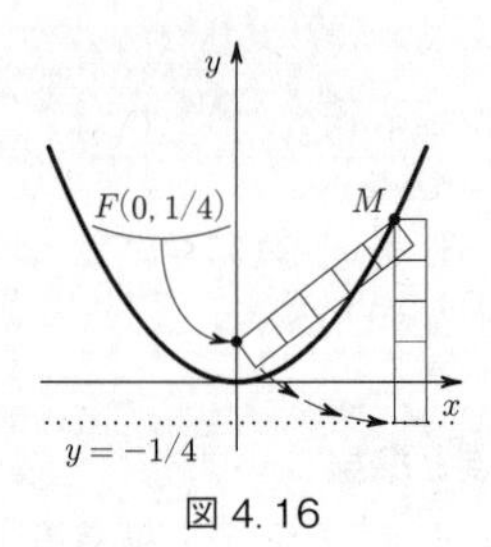

図 4.16

その同じ点から x 軸に平行な直線 $y=-\dfrac{1}{4}$ までの距離に等しい.」

放物線のこの顕著な性質を証明しなさい.

解. 放物線上に任意の点 A をとり, その点の座標を (a, a^2) とします. この点 $A(a, a^2)$ から直線 $y=-\dfrac{1}{4}$ までの距離 d は $a^2+\dfrac{1}{4}$ です.

点 A から点 $F\left(0, \dfrac{1}{4}\right)$ までの距離は, 2点間の距離を求める公式[10]から次のように計算されます.

$$
\begin{aligned}
R^2 &= (0-a)^2+\left(a^2-\frac{1}{4}\right)^2 \\
&= a^2+a^4-\frac{1}{2}a^2+\frac{1}{16} \\
&= a^4+\frac{1}{2}a^2+\frac{1}{16}=\left(a^2+\frac{1}{4}\right)^2
\end{aligned}
$$

10) [訳注] 2点間の距離を求める公式については,『座標法』75ページ参照.

この計算から $R=a^2+\dfrac{1}{4}$ となり，$R=d$ が得られます．こうして，求められていた証明が完了します．

この特別な点 $F\left(0,\ \dfrac{1}{4}\right)$ を放物線 $y=x^2$ の**焦点**といい，直線 $y=-\dfrac{1}{4}$ をこの放物線の**準線**といいます．

焦点と準線はすべての放物線にあります（82ページの図1も参照）．

練習問題

4-18. 放物線 $y=x^2+2x+2$ の焦点と準線を求めなさい．☒

§7　グラフを２乗できるか

$y=x$ のグラフを「2乗する」，すなわち y 座標のそれぞれの値を想像上で2乗することによって，$y=x^2$ のグラフを描くことができます（図4.17）．もちろん，この方法では（他のどの方法でも同じことですが），関数の数値を読み取れるほどに<u>精密な</u>グラフを描くことはできません．しかし，グラフの主な特性を明らかにすることはできるでしょう．

たとえば，関数 $y=x$ のグラフでも関数 $y=x^2$ のグラフでも，y 座標が1である点は同じ位置にあることが明らかになります．また，$y=x$ の x 座標が1より大きければ $x^2>x$ であって，$y=x^2$ のグラフは直線 $y=x$ より上側になり，x 座標が1より小さければ $x^2<x$ であって，

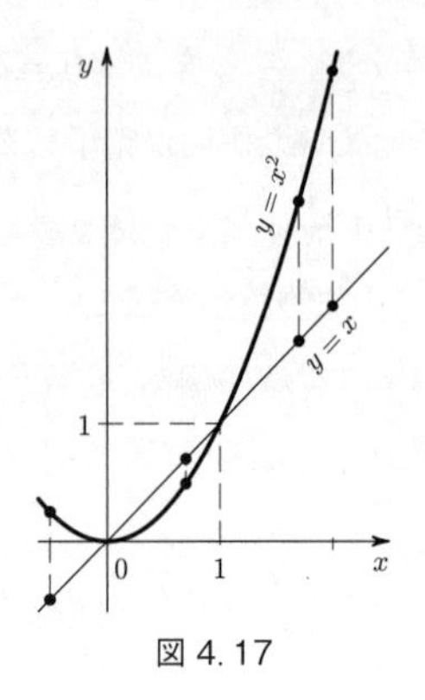

図 4.17

$y=x^2$ のグラフは直線 $y=x$ より下側になります．さらに，$y=x$ と x 軸との交点，すなわち $x=0$ に近づくと，x の2乗は x の1乗よりも急速に小さくなるので，関数 $y=x^2$ のグラフは x 軸とは交わるのでなく，接するのです．

x が負である場合は，関数 $y=x^2$ が偶関数であることを利用して考えるとよいでしょう．

練習問題

4-19. 関数 $y=f(x)$ のグラフ（図 4.18）をもとにして，関数 $y=(f(x))^2$ のグラフを描きなさい．

4-20. 関数

$$y=x(x+1)(x-1)(x-2)$$

のグラフ（図 1.8）をもとにして，関数

$$y=x^2(x+1)^2(x-1)^2(x-2)^2$$

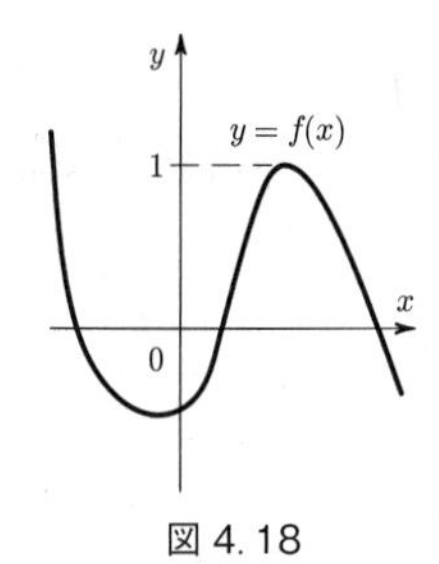

図 4. 18

のグラフを描きない.

第5章　1次分数関数

§1　関数 $y=\frac{1}{x}$ のグラフ

グラフを描くことにまだ慣れていない人が関数 $y=\frac{1}{x}$ のグラフを描くと，およそ図 5.1 のようになります．図を描くとき，この人はきっと次のように考えたはずです．「$x=1$ のときは $y=1$，$x=2$ のときは $y=\frac{1}{2}$，$x=3$ のときは $y=\frac{1}{3}$ となる．$x=0$ についてはさしあたり何もしないでおく．x の値が負の場合も考えると，$x=-1$ のときは $y=-1$，$x=-2$ のときは $y=-\frac{1}{2}$ となる．これらの点を滑らかな線で結ぶ．ただし $\frac{1}{0}$ がどうなるかわからないので，$x=0$ は除外する．」

読者のみなさんは，すでに学んだ内容から，このような描き方はしないはずです．グラフを正しく描くには，まず $x=0$ ではこの関数が定義されていないことに気づかなければなりません．そして，この点 $x=0$ の近くでの関数の振る舞いを調べる必要があります．

x の絶対値が小さくなり 0 に近づくと，y の絶対値はいくらでも大きくなります．x が右側（$x>0$）から 0 に近づくときは $y=\frac{1}{x}$ は正ですから，グラフはどこまでも上に伸びていきます（図 5.2a）．

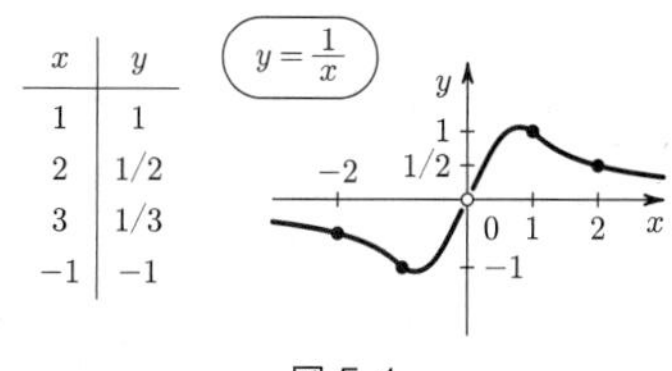

図 5.1

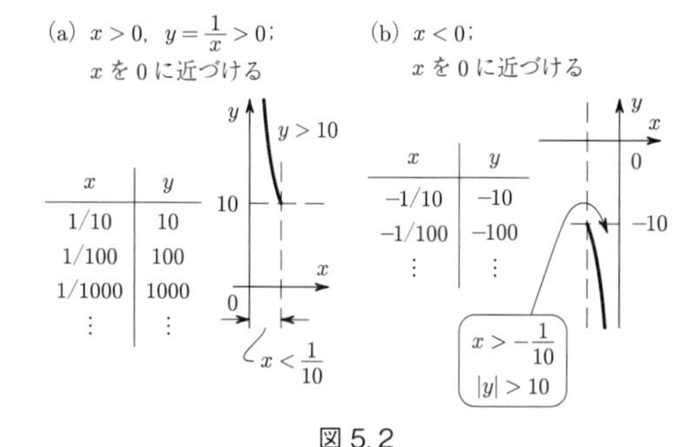

図 5.2

x が左側（$x<0$）から 0 に近づくときは y は負であって，グラフはどこまでも下に伸びていきます（図 5. 2b）．

こうして，「禁止された」値 $x=0$ の近くではグラフは 2 つの枝に分かれ，右側の枝は y 軸の上向きに伸びていき，左の枝は y 軸の下向きに伸びていきます（図 5. 3）．

次に，x の絶対値が大きくなると関数 y の値はどうなるかを調べます．

x の値が正であれば，関数 y の値も正です．つまり，右側の枝は全体が y 軸より上側にあります．x が大きくなる

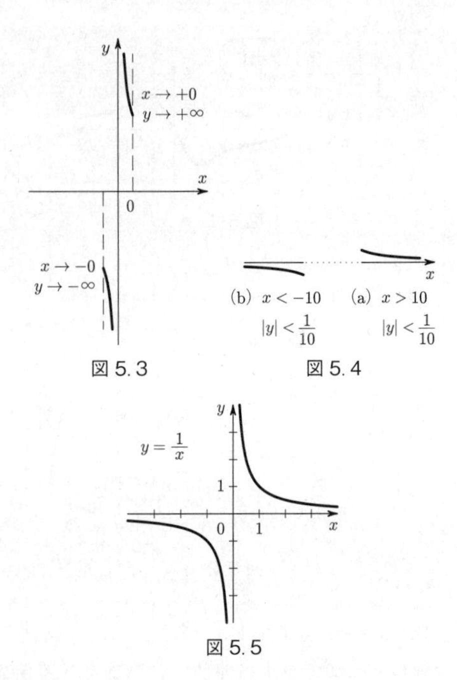

図 5.3

図 5.4

図 5.5

と分数 $\dfrac{1}{x}$ は小さくなります．したがって x が 0 から右へ動くとき，$\dfrac{1}{x}$ の描くグラフは下へと降りていき，x 軸にどんどん近づきます（図 5.4a）．$x<0$ でもこれと同じようなことが起こります（図 5.4b）．

このように，x の絶対値が大きくなると関数 $y=\dfrac{1}{x}$ の絶対値は限りなく小さくなり，グラフの 2 つの枝は，y 軸の右側では上から，y 軸の左側では下から，いずれも x 軸に近づいていき，グラフ全体としては図 5.5 となります．

関数 $y=\dfrac{1}{x}$ のグラフである曲線を**双曲線**(そうきょくせん)といいます．また，双曲線が限りなく近づいていく直線を**漸近線**(ぜんきんせん)といいます．

§2 双曲線の対称性

双曲線のうち右側の枝を描ければ，対称性によって左側の枝も描くことができます．実は，すでに同様のことを 44〜47 ページで学んでいました．ここでも同じようにやってみましょう．

$y=\dfrac{1}{x}$ のグラフの右枝にある点 M を考えます（図 5.6）．この点の座標を (a, b) とすると，$b=\dfrac{1}{a}$ です．ここで，x 座標の符号がこの点とは反対の $x=-a$ である点をグラフ上にとります．この点の y 座標は $-\dfrac{1}{a}$ であって，これは $-b$ です．つまり，$y=\dfrac{1}{x}$ のグラフの各点 $M(a, b)$ に対応して，グラフの左の枝に点 $M'(-a, -b)$ が求まります．

点 M' と点 M は座標原点に関して明らかに点対称です（図 5.6）．こうして，グラフの左側は右側を原点に関して点対称に回転させて得られることになり，グラフの右半分を左に写すことによってグラフの全体が得られます．点 O を曲線 $\dfrac{1}{x}$ の**対称の中心**といい，この曲線は**点 O に関して対称**であるといいます．

関数 $y=\dfrac{1}{x}$ は偶関数[1)]ではないので，y 軸はグラフの対称軸ではありません．ところが，傾いた対称軸があり

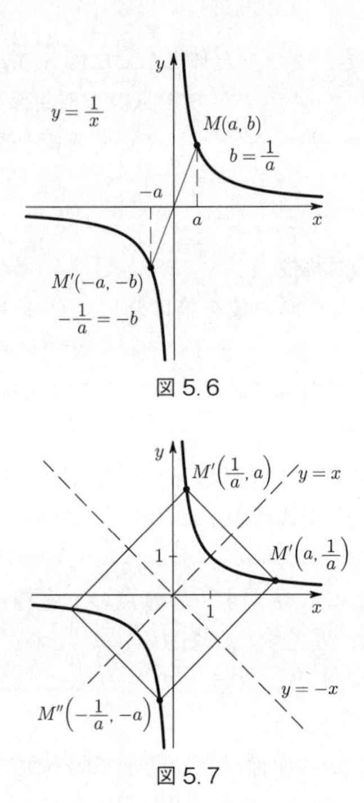

図 5.6

図 5.7

ます！ しかも2本あって，原点を通り座標軸との角度が45° である直線です（図5.7）．この2本の対称軸は互いに直交します．

1）偶関数の定義は29ページ，奇関数の定義は103ページにあります．

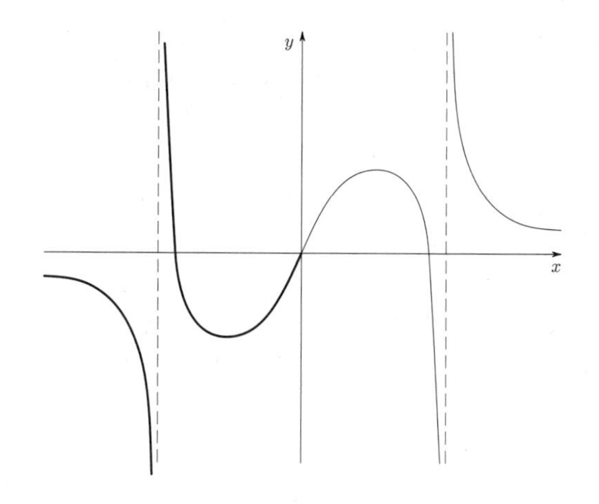

$$f(-a) = -f(a)$$

等式 $f(-a) = -f(a)$ がすべての a について成り立つ関数 $y = f(x)$ を奇関数という．奇関数のグラフは座標原点に関して点対称である．

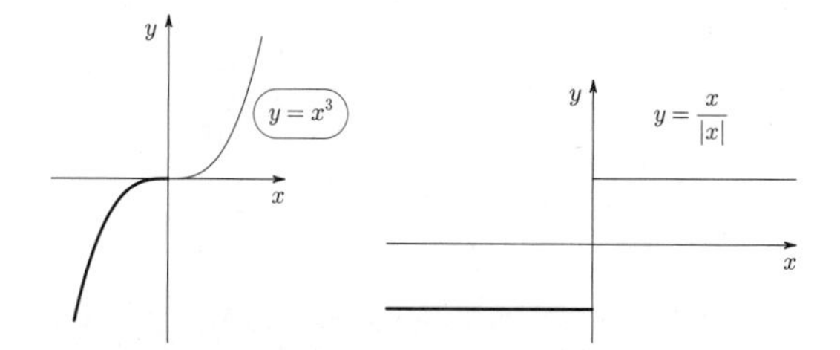

練習問題

5-1．次の関数は偶関数，奇関数のどちらか答えなさい．

(a) $y=x^3|x|$

(b) $y=x+x^2$

(c) $y=x^2+|x|$

(d) $y=|x+x^2|$

(e) $y=(x+1)^4+(x-1)^4$

(f) $y=(x^2+1)^3$

注意．関数には偶関数，奇関数のどちらでもないものもあります．

5-2．次の関数のグラフが点対称であるか線対称であるかを答えなさい．

(a) $y=x^4$

(b) $y=x^5$

(c) $y=x^2-x^4$

(d) $y=x^3+x$

(e) $y=x^2+2x$

(f) $y=x^2-2x^3$ ☒

5-3．(a) 直線 $y=x$ は双曲線 $y=\dfrac{1}{x}$ の対称軸であることを証明しなさい．

助言．点 $M(a,b)$ は直線 $y=x$ に関して点 $M'(b,a)$ と線対称です（図 5.7）．

(b) 直線 $y=-x$ は双曲線 $y=\dfrac{1}{x}$ の対称軸であることを証明しなさい．

5-4．関数 $y=\dfrac{4}{x}$ のグラフを，関数 $y=\dfrac{1}{x}$ のグラフをもとにして描きなさい．この曲線は対称軸をもちますか．

5-5．関数 $y=\dfrac{1}{x^2}$ のグラフの右枝は対称軸をもちますか．☒

§3　その他の双曲線

次の練習問題では，双曲線 $y=\dfrac{1}{x}$ の位置や形を，これまでに学んだ方法で変えてグラフを描くことになります．変形してできるグラフもまた双曲線です．

練習問題

5-6. 次の関数のグラフを描きなさい．また，それぞれの双曲線の漸近線，対称の中心，対称軸を答えなさい．

(a) $y=\dfrac{1}{x}+1$　(b) $y=\dfrac{1}{x+1}$

(c) $y=\dfrac{1}{x-2}+1$

5-7. 次の関数のグラフを描きなさい．これらの曲線には対称軸がありますか．

(a) $y=\dfrac{4}{x}$　(b) $y=\dfrac{1}{2x}$

(c) $y=-\dfrac{2}{x}$　(d) $y=-\dfrac{1}{3x}$

§4　1次分数関数 $y=\dfrac{ax+b}{cx+d}$ のグラフ

$y=\dfrac{ax+b}{cx+d}$ の形の関数を**1次分数関数**といいます[2)]．

1次分数関数のグラフは，グラフの移動と拡大という，すでに学んだ操作を双曲線 $y=\dfrac{1}{x}$ のグラフに対して行っ

---

2)　もちろん，分母に関して $c\neq 0$ であることを前提にします（もし $c=0$ であれば，この関数は1次関数 $y=\dfrac{a}{d}x+\dfrac{b}{d}$ となります）．また，$\dfrac{a}{c}\neq\dfrac{b}{d}$ であること，すなわち分数が既約分数であることも前提にします（そうではないとすると，たとえば $y=\dfrac{4x+6}{2x+3}$ のように，関数は一定値になります）．

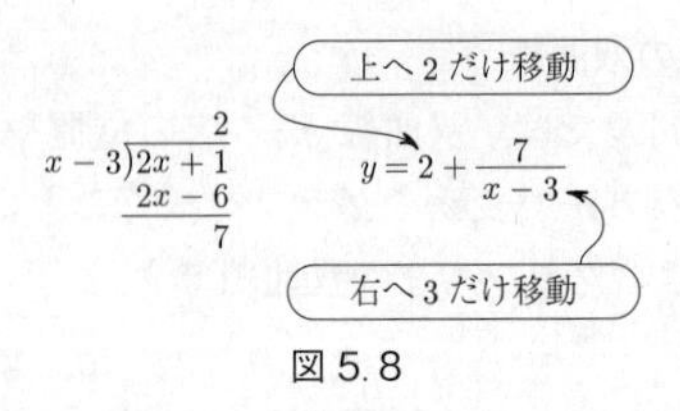

図 5.8

て描きます.

このことを例でみてみましょう. 関数 $y=\dfrac{2x+1}{x-3}$ を考えます. まず, 次のように関数を「帯分数」で表します.

$$\frac{2x+1}{x-3}=\frac{2x-6+7}{x-3}=2+\frac{7}{x-3}.$$

これで, この関数のグラフは関数 $y=\dfrac{1}{x}$ のグラフを x 軸と平行に3だけ移動させ, y 軸方向に7倍拡大し, さらに y 軸と平行に2だけ移動させて得られることがわかります (図 5.8).

分数関数 $\dfrac{ax+b}{cx+d}$ も, 同じように「帯分数」で表すことができます. したがって, どの1次分数関数のグラフも座標軸と平行にいくらか移動させ, y 軸方向に拡大した双曲線になります.

例題. 関数

$$y=\frac{3x+5}{2x+2}$$

のグラフを描きなさい.

解. グラフが双曲線であることはわかっているので, グ

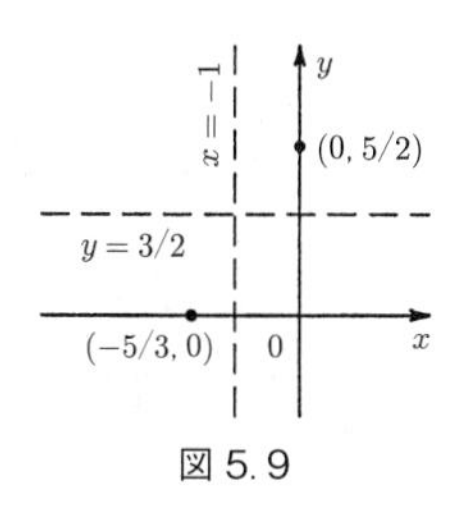

図 5.9

ラフの枝が近づいてゆく直線（漸近線）を求めれば十分です.

最初に，垂直な漸近線を求めます．この関数は $2x+2=0$ のとき，すなわち $x=-1$ では定義されません（図 5.9）．それで，$x=-1$ が垂直な漸近線であることになります.

水平な漸近線を求めるには，独立変数 x の絶対値が大きくなったとき，関数 y の値が何に近づいてゆくかを考えます．x の値が（絶対値で）大きいとき，その値と比べると，分母と分子の第 2 項（定数 2 と 5）はどちらも相対的に小さいことになります．したがって

$$y=\frac{3x+5}{2x+2}\fallingdotseq\frac{3x}{2x}=\frac{3}{2}$$

です.

これで，水平な漸近線は直線 $y=\dfrac{3}{2}$ であるとわかりました（図 5.9）.

さらに，双曲線と座標軸が交わる位置を求めます．$x=0$ とすると $y=\dfrac{5}{2}$ となり，また関数 y の値が 0 になる

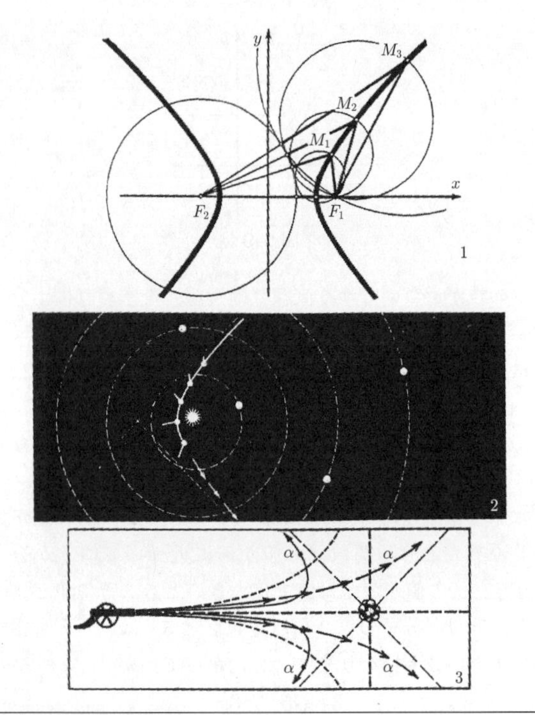

双曲線の興味ある性質

1. 双曲線は，2点 F_1, F_2（双曲線の「焦点」）までのそれぞれの距離の差の絶対値が一定であるような点 M の軌跡です．

2. 太陽系のはるか遠方からくる彗星や隕石は，太陽を1つの焦点とする双曲線を描きます．漸近線の1つは彗星の近づいてくる方向を指し，もう1つは彗星が飛び去っていく方向を指しています[3]．

3. 原子核に向けて α（アルファ）粒子を発射すると，α 粒子は双曲線を描いて原子核の近くを飛んでいきます．

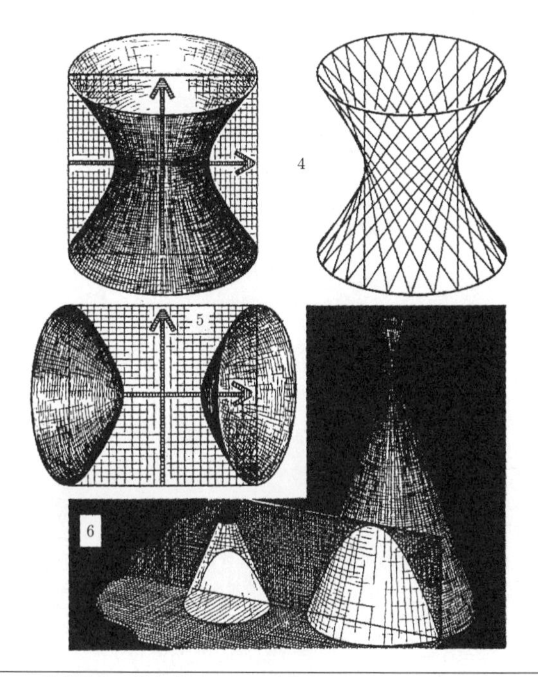

4. 双曲線を，枝と交わらない対称軸を軸にして回転させると，**一葉双曲面**と呼ばれる曲面が得られます．この曲面は直線で「組める」という目立った性質をもちます．モスクワの電波塔「シューホフ・タワー」は，真っ直ぐな鋼鉄の棒だけで作られた双曲面の「断片」を組み合わせたものです．

5. 双曲線を，枝と交わる対称軸を軸にして回転するときは，2つの部分からなる**二葉双曲面**と呼ばれる曲面が得られます[4]．

6. 長く伸びた円錐と平面との交わりは，交わらせ方によって双曲線になります．身近に，円錐形の笠のついた電灯があれば，電灯を壁に向けて照らすと縁が双曲線である領域が照し出されることが確かめられるでしょう．

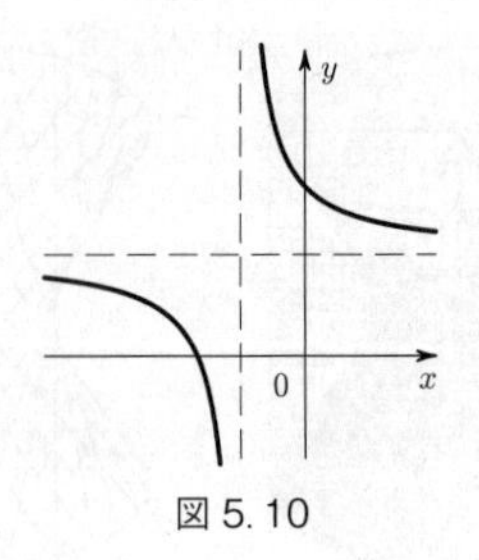

図 5.10

のは $3x+5=0$，すなわち $x=-\dfrac{5}{3}$ のときです．

以上をまとめて，図中に点 $\left(-\dfrac{5}{3}, 0\right)$ と $\left(0, \dfrac{5}{2}\right)$ をとり，水平な漸近線と垂直な漸近線を描き入れればグラフは完成です（図 5.10）．

練習問題

5-8．次の関数のグラフを描きなさい．

(a) $y=\dfrac{1}{1-2x}$　　(b) $y=\dfrac{3+x}{3-x}$

(c) $y=\left|\dfrac{2x+1}{x+1}\right|$

---

3)　どの双曲線にも 2 つの漸近線があります．$y=\dfrac{ax+b}{cx+d}$ の形で表される双曲線の漸近線は直角に交わります．ほかの形の双曲線では，漸近線は直角には交わりません．

4)　A.N. トルストイ（1882-1945）の書いた『技師ガーリンの双曲面』という小説の主人公，ガーリンがほしかった性質は「平行な筒を通過してやってくる光を 1 点に集める」ことだとされていますが，それは双曲面ではなく放物面の性質です．この小説の題名は『技師ガーリンの放物面』とすべきでした．

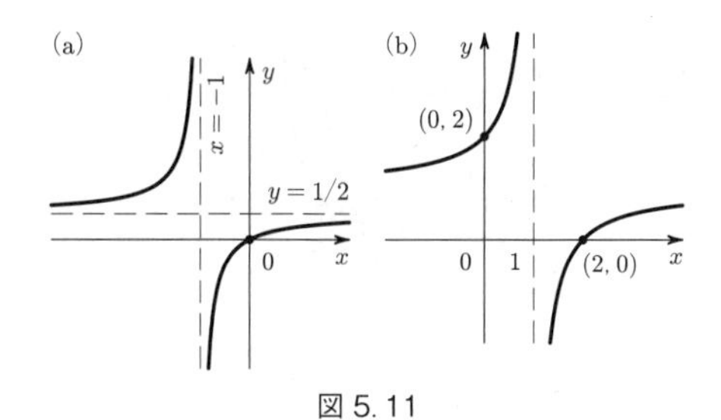

図 5. 11

5-9. 図 5. 11a, b に,

$$y=\frac{px+q}{x+r}$$

の形で表される 1 次分数関数のグラフが描かれています. この関数を求めなさい (つまり, p, q, r の値を求めなさい).

例題. 方程式

$$\frac{x}{1-x}=x^2+4x+2$$

は何個の解をもちますか.

解. 1 つの図の中に, 2 つの関数

$$y=\frac{x}{1-x}, \quad y=x^2+4x+2$$

のグラフを描きます.

図 5. 12 から, これらのグラフは 2 つの交点をもつことがわかります. また, 放物線は双曲線の漸近線と交わるので, もう 1 つの交点があることもわかります. グラフの

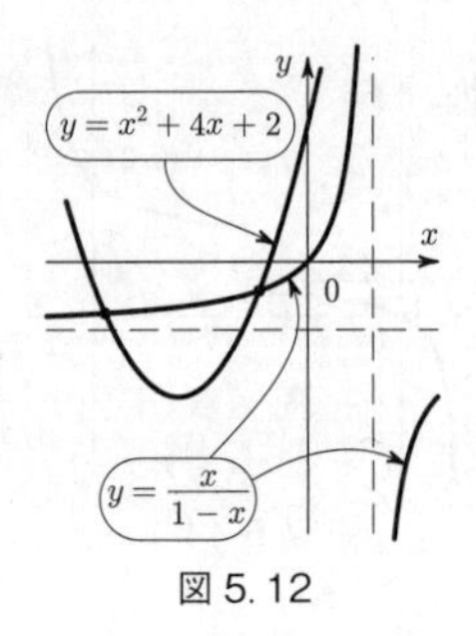

図 5.12

交点の x 座標が方程式の解となります．

答．解は3個あります．

§5　グラフを描くもう1つの方法

これまでとはちょっと違ったやり方でも，関数 $y=\dfrac{1}{x}$ のグラフを描くことができます．このやり方で描いてみましょう．

関数 $y=x$ のグラフを描いておきます（図 5. 13a）．この直線上のそれぞれの点の y 座標を逆数に置き換えた点を，図 5. 13b に書き込みます．こうすれば $y=\dfrac{1}{x}$ のグラフが得られます．

図からわかるように，もとのグラフの y 座標（の絶対値）が小さいと，得られるグラフの y 座標は大きくなり，もとのグラフの y 座標（の絶対値）が大きいと，得られるグラフの y 座標は小さくなります．y 座標が1（あるいは -1）である点の位置はそのまま変わりません．

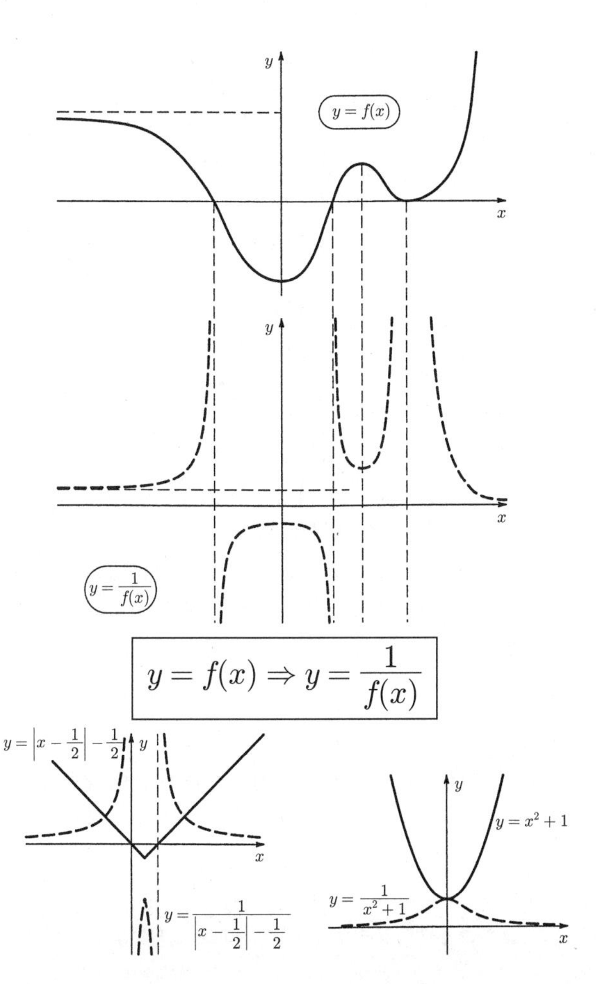

y
$y = f(x)$
x
y
x
$y = \frac{1}{f(x)}$
$y = f(x) \Rightarrow y = \frac{1}{f(x)}$
$y = \left|x - \frac{1}{2}\right| - \frac{1}{2}$
y
x
$y = \frac{1}{\left|x - \frac{1}{2}\right| - \frac{1}{2}}$
y
$y = x^2 + 1$
$y = \frac{1}{x^2 + 1}$
x

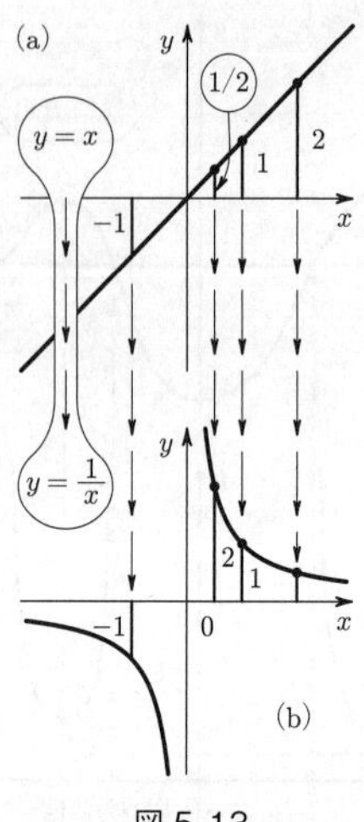

図 5.13

グラフの「割り算」であるこのやり方は，あらかじめ $y=f(x)$ のグラフが描かれていて，関数 $y=\dfrac{1}{f(x)}$ のグラフがどうなるかを知りたいときに有効です（113ページ参照）．

練習問題

5-10．関数 $y=x^2$ のグラフがすでに描かれているとして，それをもとに，関数 $y=\dfrac{1}{x^2}$ のグラフを描きなさい．☒

5-11．次の関数のグラフを描きなさい．

(a) $y=\dfrac{1}{x^2-3x-2}$　　(b) $y=\dfrac{1}{x^2-2x+3}$

（これらの2つのグラフはまったく違った形に見えるでしょ

う.)

5-12. 関数 $y=[x]$ のグラフ（21 ページ）と関数 $y=x-[x]$ のグラフをもとにして，次の関数のグラフを描きなさい.

（a）$y=\dfrac{1}{[x]}$　　（b）$y=\dfrac{1}{x-[x]}$

第6章　べき関数

§1　3次放物線

べき関数とは $y=x^n$ の形に書かれる関数です．n が1や2のときのべき関数のグラフはすでに描きました．$n=1$ ではべき関数は $y=x$ であって，その関数のグラフは直線になります（図 6.1a）．また $n=2$ では $y=x^2$ で，その関数のグラフは放物線になります（図 6.1b）．

関数 $y=x^3$ のグラフは**3次放物線**あるいは**立方放物線**[1]といいます．独立変数 x が正の値のとき，関数 $y=x^3$ のグラフである3次放物線は，関数 $y=x^2$ のグラフである2次の放物線に似ています．実際，$x=0$ では $y=x^2$ も $y=x^3$ もともに0であって，それらのグラフはいずれも座標原点を通ります．また，$x=1$ では $y=x^2$ も $y=x^3$ もともに1であり，それらの関数のグラフはいずれも点 $(1,1)$ を通ります．

x の値が正で大きくなると，関数 $y=x^2$ の値も関数 $y=x^3$ の値も大きくなり，$y=x^3$ のグラフである3次放物線は2次放物線と同じように，座標原点より右側では

1)［訳注］この呼び方は，日本ではほとんど使われません．

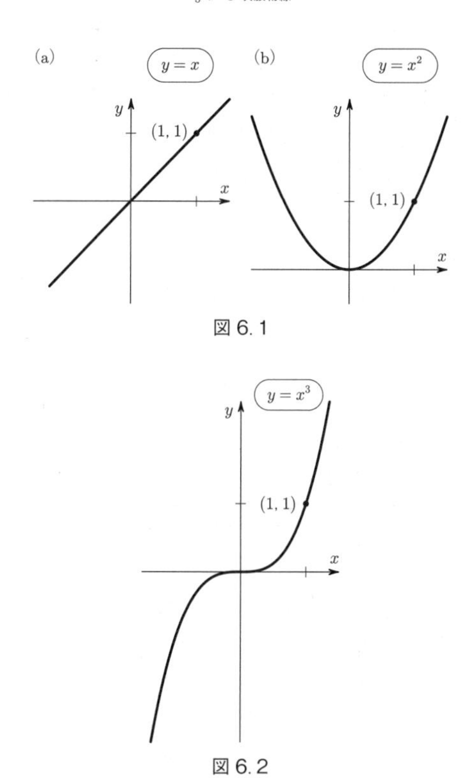

図 6. 1

図 6. 2

限りなく上方に伸びていきます（図 6. 2）.

x が負の値をとるときには，曲線 $y = x^3$ は曲線 $y = x^2$ とは異なる振る舞いをします．$y = x^2$ は偶関数であるのに対して，$y=x^3$ は奇関数だからです[2]．つまり，$y=x^3$ のグラフは左半面と右半面とが座標原点に関して点対称であり，x の負の値では曲線は下方に伸びていくのです．

したがって，3 次放物線は全体としては，関数 $y=x^2$ のグラフには似ていません．

練習問題

6-1．次の関数のグラフを描きなさい．

(a) $y=-x^3$　　(b) $y=|x^3|$

(c) $y=1+x^3$　　(d) $y=(2+x)^3$

(e) $y=(2-x)^3$　　(f) $y=x^3+3x^2+3x$

6-2．上の問題 6-1 の 6 つの曲線のうち 5 つは，3 次放物線 $y=x^3$ を座標軸に平行に移動させたり x 軸に関して折り返したりすることで得られます．したがって，これらの曲線には点対称の中心点があります．その座標を求めなさい．

§2　$y=x^2$ と $y=x^3$ のグラフの比較

ここで，x の値が正であるとして，$y=x^2$ と $y=x^3$ のグラフの違いを見ることにします．そのために，x^3 を $x^2\cdot x$ と表して，$y=x^3$ のグラフを $y=x^2$ のグラフと $y=x$ のグラフとの「かけ算」によって描くことにします（図 6.3）．

$x=1$ のときには x^3 の値と x^2 の値は等しく，この 2 つ

---

2)　偶関数と奇関数の定義は，それぞれ 29 ページと 103 ページにあります．

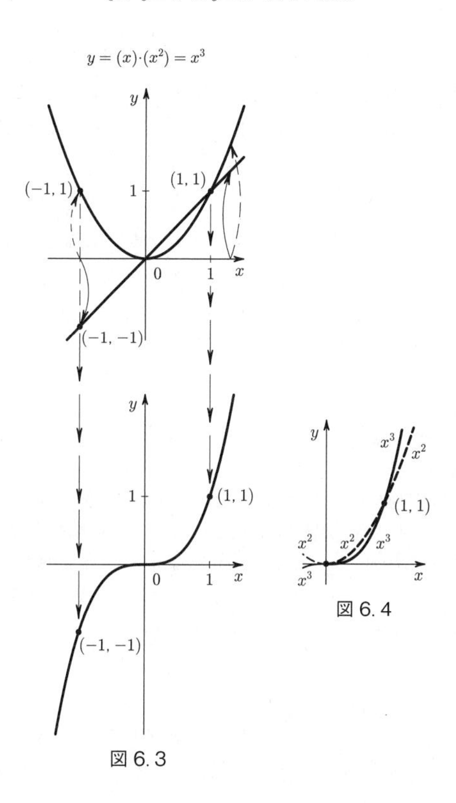

図 6.3

図 6.4

のグラフは点 (1, 1) で交わります．そこで，まずは $x=1$ より右側を考え，続いて左側を考えます．

$x=1$ よりも右側では，関数 $y=x^3$ の値は $y=x^2$ の値に 1 より大きい数 x を乗じて得られるので，x^2 の値よりも大きくなります．したがって，点$(1,1)$よりも右側では3次放物線$y=x^3$が2次放物線$y=x^2$の上側にあります．xの値が大きくなればなるほど，2つの関数の差は大きくなります．

次に点$(1,1)$より左側を考えると，$x=0$までは，x^3の値はx^2の値に1よりも小さい値xをかけた値です．したがって，点$(1,1)$より左側では，3次放物線は2次放物線$y=x^2$の下側にあります．原点に近いほど，2次放物線より速くx軸に近づきます（図6.4）．

練習問題

6-3．x^3の値がx^2の値の100倍および1000倍になるときのxの値をそれぞれ求めなさい．xがこれらの値をとるとき，3次放物線は2次放物線のどれだけ上にありますか．

6-4．鉛筆で描く線の幅が0.1 mmで，座標軸の単位長さが1 cmである場合，$x=0.1$では放物線$y=x^2$とx軸を「目で」見分けることができません[3]．このとき，3次放物線は2次放物線よりもx軸に何倍近くにありますか．

x^2にxをかけたものがx^3であると考えると，$y=x^3$のy座標が$y=x^2$のそれよりも**何倍**大きい（あるいは小さい）かがわかります．そこで，関数$y=x^3$の値が関数$y=x^2$の値よりいくら大きい（あるいは小さい）かがわ

3）［訳注］$x=0.1$は長さにして0.1 cmで，このとき$y=x^2=(0.1)^2=0.01$を表す長さは0.01 cm$=$0.1 mmとなり，x軸を表す線の幅と同じです．

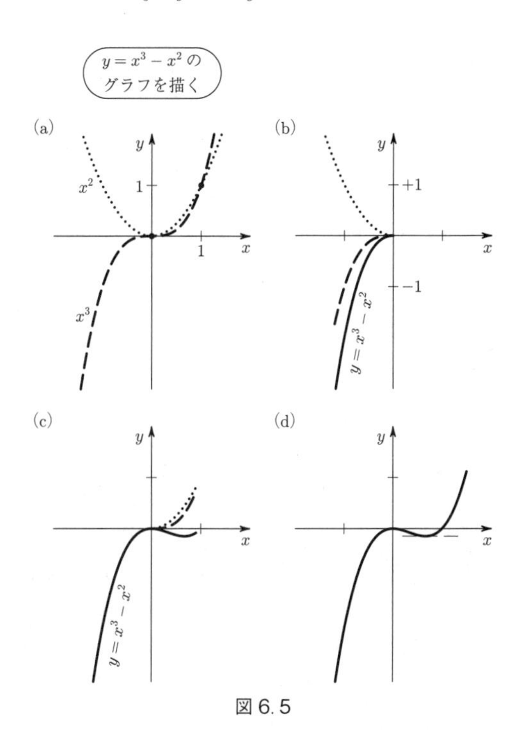

図 6.5

かるよう，グラフで表してみましょう．それにはまず，$y=x^3$ の y 座標と $y=x^2$ の y 座標との差を y 座標とする関数 $y=x^3-x^2$ のグラフを描きます（図 6.5a）．

$x=0$ では，x^3 も x^2 もともに 0 です．したがって，関数 $y=x^3-x^2$ のグラフは座標原点を通ります（図 6.5b）．原点の左側では，この関数は負である x^3 から正である x^2

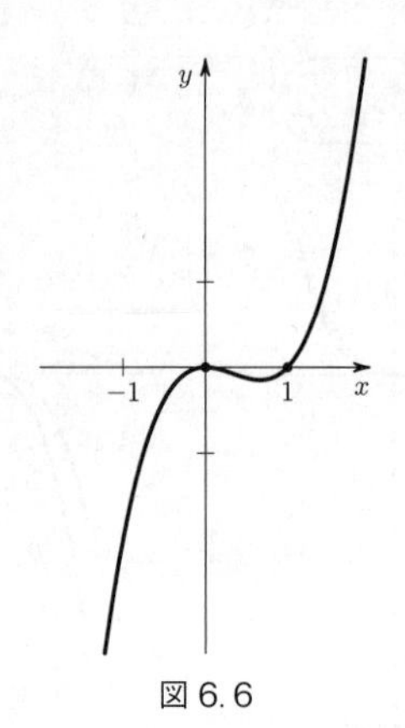

図 6.6

を引くことになるため，関数の値は負になり，グラフは x 軸より下側にあります（$y=x^3$ のグラフよりもさらに下です．図 6.5b）．

原点より右側はもっと複雑です．まず，x が小さいときには x^2 のほうが x^3 より大きいので，曲線 $y=x^3-x^2$ は原点近くでは x 軸の下側にあります（図 6.5c）．x^3 が次第に大きくなりはじめ，その度合いを増しつつ $x=1$ で関数 $y=x^2$ の値と等しくなります．したがって，曲線 $y=x^3-x^2$ は $x=0$ と $x=1$ との間にある点で上へと向きが変わり，$x=1$ で x 軸と交わります（図 6.5d）．

さらに，x の値が大きくなり $x=1$ を超えると，関数 $y=x^3-x^2$ の値もそれに従って大きくなり，グラフは上に向かって進み，x^3 に比べて x^2 がとても小さいような x の値では，このグラフは $y=x^3$ のグラフの形と見分けがつかなくなります（図6.6）.

練習問題

6-5. 関数 $y=x^3-x^2$ の値が増え始める x のおおよその値を求めることができます．誤差が0.1の精度内[4)]でこの値を求めなさい.「増え始める」位置とは，ちょうどグラフの「へこみ」が最も低い点（凹形部分の底）です.

6-6. 次の不等式を解きなさい.

(a) $x^3-x^2>0$　　(b) $x^3-x^2\leqq 0$

§3　3次関数 $y=x^3-cx^2$ のグラフ

ここで，関数 $y=x^3$ と $y=cx^2$ の振る舞いを比べ，関数 $y=x^3-cx^2$ のグラフを，パラメータ c を正の値でいろいろと変えながら描くことにします．この関数のグラフの形が2つの関数 $y=x^3$ と $y=cx^2$ のグラフの相対的位置によってどう変わるかがわかるでしょう.

まず，c の値が小さいとき，たとえば $c=0.3$ の場合を考えます．図6.7から容易にわかるように，座標原点から遠く離れた，x の絶対値が大きいところのグラフを描くのはさほど難しくはありません．しかし，原点近くで $y=x^3$ と $y=x^2$ のグラフがどういう位置関係にあるのか，どちらの曲線が下側にあるかをグラフから読み取ることはできません．この上下関係がどうなっているかは，

4)　この値を正確に求める方法は解析学で学びます．初等的な方法を第8章で述べます.

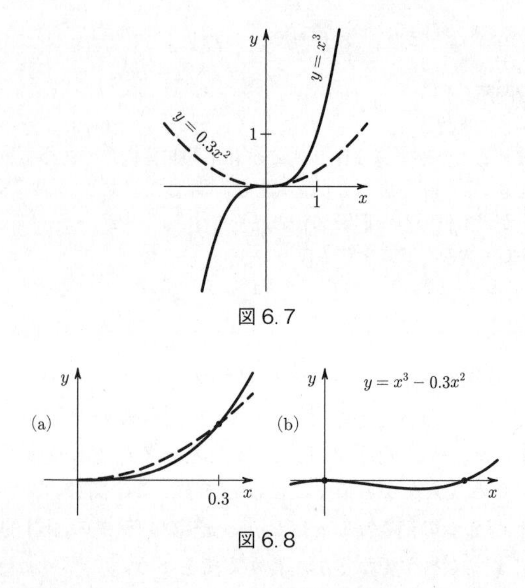

図 6.7

図 6.8

$y=x^3-0.3x^2$ のグラフに「へこみ」[5]があるかどうかにかかっています.

このことをはっきりさせるために，不等式 $x^3>0.3x^2$，すなわち不等式

$$x^2(x-0.3)>0$$

を考えます. $x^2(x-0.3)$ の値は $x>0.3$ のときだけ正であるのは明らかです. したがって，x が 0.3 より小さい正

5)　この場合では,「へこみ」はグラフの x 軸より下側の部分です.

の値であれば，3次放物線が2次放物線 $y=0.3x^2$ より下側にあることになります（図6.8a）．

こうして，図6.7ではっきりしなかった部分を拡大でき，$y=x^3-0.3x^2$ のグラフを描けることになりました．このグラフには，$y=x^3-x^2$ と同じく「へこみ」がありますが，その横幅は狭く，深さは浅くなっただけです（図6.8b）．

練習問題

6-7．次の関数のグラフの「へこみ」の横幅をそれぞれ求めなさい．

(a) $y=x^3-0.001x^2$　　(b) $y=x^3-1000x^2$

6-8．放物線 $y=x^3$ が放物線 $y=50x^2$ より上側にあるのは，x の値がいくらより大きいときですか．また，放物線 $y=10000x^2$ より上側にあるのは x の値がいくらより大きいときですか．

6-9．次の関数のグラフを描きなさい．また，それぞれのグラフに「へこみ」があるかどうか調べなさい．

(a) $y=x^3+x^2$　　(b) $y=x^2-x^3$

6-10．(a) 関数 $y=x^3-x$ と $y=x^3+x$ のグラフを描きなさい．

(b) 関数 $y=ax^3+bx$ のグラフに，10以下の幅，100以上の深さの「へこみ」があるような a と b の値を1つ求めなさい．

これらの練習問題を解き終えると，次のことがわかるはずです．c を任意の正の数とするとき，関数 $y=x^3-cx^2$

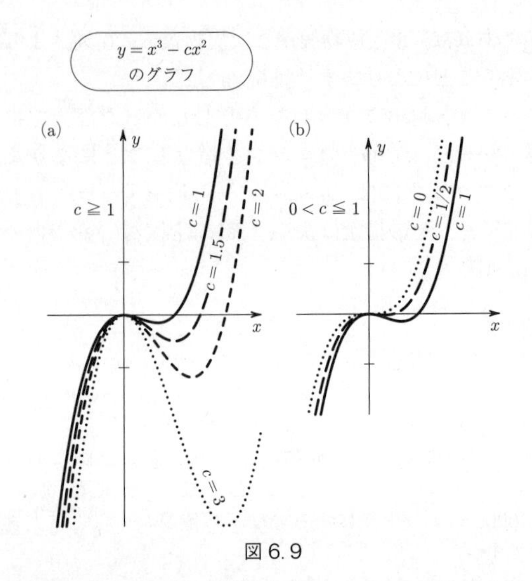

図 6.9

は，どれも同じ特性をもち，同じ形をしていること．グラフは原点より左側では下側に伸び，原点で x 軸に接し，その後再び下に向かい，そして上にそり返すこと．そして，c の値が大きいほど，このときにできる「へこみ」もまた大きくなること（図 6.9a）．

c の値が小さくなると「へこみ」は次第に平らになり，c が 0 になると「へこみ」はなくなって，グラフは 3 次放物線 $y=x^3$ になります（図 6.9b）．

これで，関数 $y=x^3$ と任意の関数 $y=cx^2$（$c>0$）とを比べて，x が正であるときもどのように振る舞うかを，一般的な形で次のように述べることができるようになりました．x が0に近いところでは，c の値がどんなに小さくても，関数 $y=x^3$ のほうが関数 $y=cx^2$ よりも小さく，x の値が大きければ，c の値がどんなに大きくても，関数 $y=x^3$ のほうが関数 $y=cx^2$ よりも大きい．

このことは次のようにも言い換えられます．3次放物線は原点では x 軸にしっかりとくっついていて，この放物線と x 軸との間には，c をどんなに小さくしても放物線 $y=cx^2$ を通すことができない．逆に x が大きくなっていくと，3次放物線 $y=x^3$ は，c がどんな値であっても（非常に大きくても），いつかは $y=cx^2$ を「追い越す」．

練習問題

6-11．図6.10は，関数 $y=5x^3$ と $y=x^2$ のグラフです．図の目盛りが小さいため，原点近くでの2つのグラフの位置関係がはっきりしません．

この図を拡大鏡で見たとして，丸で囲った領域を，目盛りを

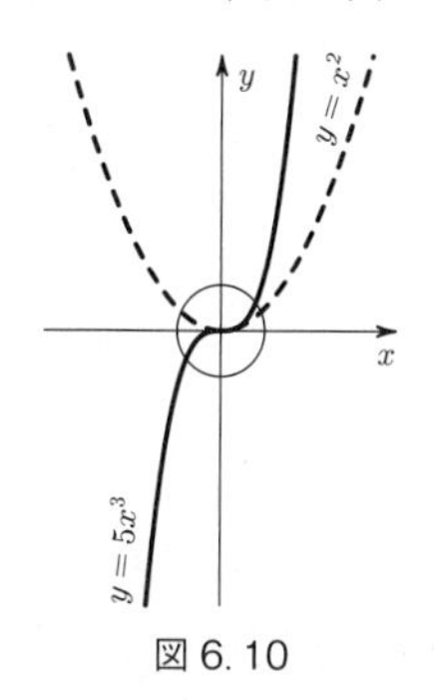

図6.10

大きくして描きなさい.

6-12. 次の2つの増加数列があります.

$$a_n : 0.001,\ 0.004,\ 0.009,\ \cdots,\quad 0.001\cdot n^2,\ \cdots$$
$$b_n :\quad 100,\quad 300,\quad 500,\ \cdots,\ 100(2n-1),\ \cdots$$

(a) はじめの数列は, 2番目の数列に追いつくことができますか (つまり, $a_n > b_n$ となる n はありますか).

(b) 次の数列について, (a) と同じ問題を解きなさい.

$$a_n : 0.001,\ 0.008,\ 0.027,\ \cdots$$
$$b_n :\quad 100,\quad 400,\quad 900,\ \cdots$$

§4 べき関数 $y=x^n, n>3$

$n>3$ である関数 $y=x^n$ について, これまでの $n=3$ の場合ほどには詳しくはないが, 考察をすることにします. $n>3$ のときには, このべき関数のグラフは n が偶数なら2次放物線 $y=x^2$ に似ていて, n が奇数なら3次放物線に似ています. たとえば, x の値が大きくなると, 関数 $y=x^4$ の値は関数 $y=x^3$ の値よりも急速に大きくなり, 関数 $y=x^5$ の値は関数 $y=x^4$ の値よりも急速に大きくなります. 一般に, べき関数 $y=x^n$ の値は n が大きいほど, x の値が大きくなるときに, より速く大きくなります (図6.11).

x の値が0に近づくとき, べき関数 $y=x^n$ の値も0に近づきますが, n が大きければ大きいほど急速に近づきます. べき関数 $y=x^n$ $(n \geqq 2)$ のグラフはどれも原点で x 軸に接し, しかも, n が大きければ大きいほど x 軸に「密着」します (図6.12).

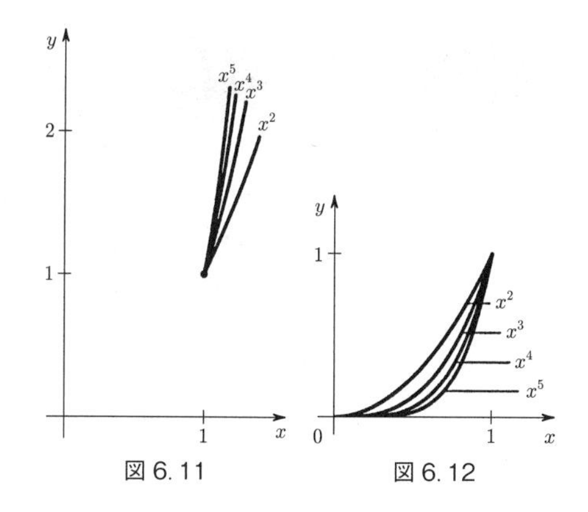

図 6. 11　　図 6. 12

n が大きいときの関数 $y=x^n$ のグラフを，座標軸のどこでも同じ目盛りで描くことは実際上うまくいきません．0 から 1 でのほぼ全区間で関数の値は非常に小さく，関数 $y=x^n$ のグラフは x 軸と重なります．$x=1$ の近くでは関数の値はほぼ 1 のままで，遠くでは，どんな大きな用紙からもグラフがはみ出すほど値が大きくなります．

たとえば，$n=100$ として $y=x^{100}$ のグラフを $x=1$ から描いてみます．$x=2$ では $y=2^{100}$ で，図を描くには値が大きすぎます．そこで $x=1.1$ としてみますが，このときの $y=(1.1)^{100}$ も図を描くにはまだ大きすぎます．実際，$(1.1)^{100}=((1.1)^{10})^{10}$ ですが，$1.1^{10}>2$ です[6]．

こうして，$(1.1)^{100}>2^{10}>1000$ となり，1 から 1.1 までの区間でさえ，$n=100$ のときの $y=x^n$ のグラフを描くには y

---

6）不等式 $(1+\alpha)^n>1+n\alpha$（ただし $\alpha>0$）を用いました．［訳注：$\alpha=0.1$ として $1.1^{10}=(1+0.1)^{10}>1+10\cdot 0.1=2.$］

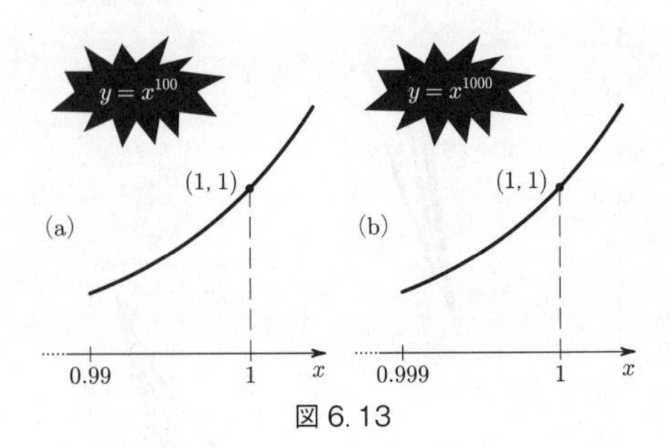

図 6.13

の値が大きすぎます．そこで，x 軸の目盛りを y 軸の 100 倍にしてみましょう[7]．

これによって，$y=x^{100}$ のグラフは水平方向に 100 倍に引き伸ばされて，図 6.13a のようになります．n がさらに大きいときには，区間をさらに狭くとることでグラフをきちんと描くことができます．図 6.13b は，x 軸方向に 1000 倍引き伸ばした $y=x^{1000}$ のグラフです．これら 2 つのグラフは良く似ていることがはっきりします[8]．

練習問題

6-13. 関数 $y=x^2-x^4$ のグラフを次の 2 通りの方法で描きなさい．

(a) $y=x^2$ のグラフから $y=x^4$ のグラフを引き算する．

(b) x^2-x^4 を因数分解する．

6-14. 次の方程式の解の個数を答えなさい．

---

7) ［訳注］x 軸での 0.01 と，y 軸での 1 が同じ長さで描かれるということです．

8) もちろん曲線には違いもありますが，その違いは些細なもので，グラフの上で区別できるほどではありません．

(a) $x^3=x^2+1$ (b) $x^3=x+1$
(c) $x^3+0.1=10x$ (d) $x^5-x-1=0$

§5 接線とは何か

変数xの値が小さいときには，べき関数$y=x^n$のグラフは座標原点でx軸に接すると述べました（128ページ参照）．このことを取り上げて，直線が曲線に接するということの正確な意味について議論することにします．

2次放物線$y=x^2$も3次放物線$y=x^3$も，x軸に接すると言えるのはどうしてでしょう．曲線$y=x^3$はx軸を「突き抜いて」いるのではないですか（図6.14）．

ことのすべては，「直線が曲線に接する」とは何を意味するか，接線の基本的かつ決定的な性質は何か，そしてそれをどう定義するかにかかっています．学校の幾何学の授業でこれまでに学ぶ曲線は円だけであって，接線については円の接線しか知らないはずです．そこで，円の接線と割線（接線ではない直線）とはどう違うかを思い出してください．すぐに思い出すことは

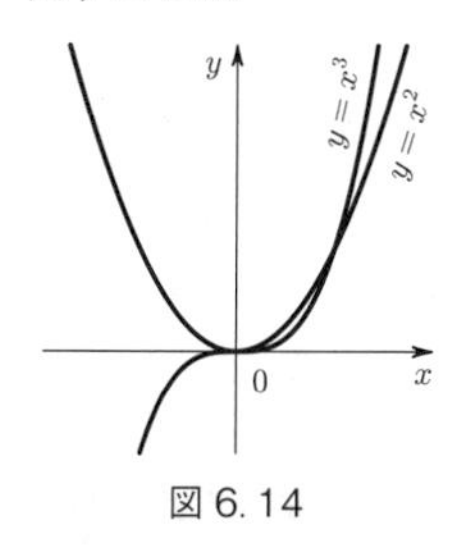

図6.14

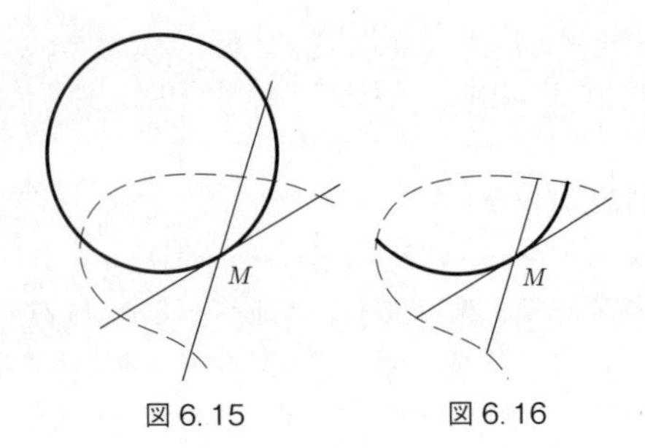

図 6.15　図 6.16

(1) 接線と円とが共有する点は1つで，割線と円とが共有する点は2つである（図 6.15）.

(2) 接点 M の近くでは，接線が割線よりも点 M に「密着」している（だから，円が一部分しか描かれていなくても，共有点は1つだけでほかにはないか，ほかにももう1つあるかで，接線と割線とを見分けることができる．図 6.16）.

この (1) と (2) のどちらがより重要（主となる）でしょうか．一般の曲線（円だけでない）への接線を定義するための基礎にできるのはどちらでしょうか.

簡単なのは (1) のほうです．そこで，曲線とただ1つだけの共有点をもつ直線を接線ということにしてみます．ところが，この定義は常識に反していて，接線というものに対して私たちがもつイメージにも合いません.

例を挙げると，放物線 $y=x^2$ の頂点だけで交わる直線には，x 軸のほかにもう1つの直線として y 軸もあります．しかし，y 軸を放物線 $y=x^2$ の接線とは言いません

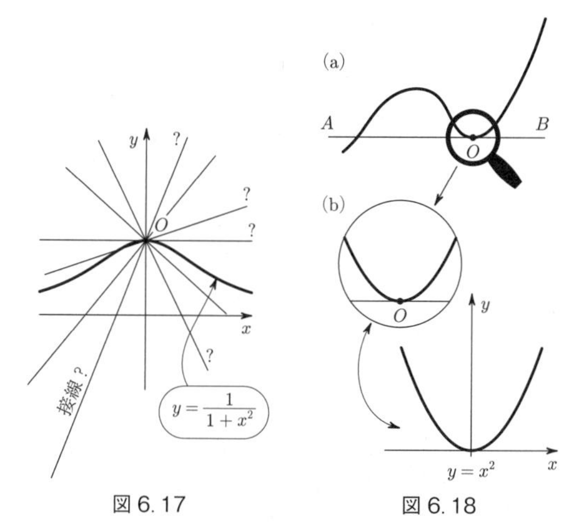

図 6.17　　図 6.18

(図 6.14).

図 6.17 にはもっと厄介な場合を描いてあります．点 O を通って曲線とただ 1 つの共有点をもつ直線がたくさん引かれています！ 他方，図 6.18a に描かれた直線 AB は曲線と 2 つの共有点をもちますが，明らかに接線と呼んでよい直線です．実際，この図を「切り取って」，曲線の接点 O に近い部分を見ると（図 6.18b），曲線と直線との位置関係は，放物線 $y=x^2$ と x 軸との位置関係と質的にまったく同じです．

このことから，接線の基本的かつ決定的な性質として，「接線は曲線に密着する直線である」とするのが妥当であることになります．そうすれば，3 次放物線 $y=x^3$ は，

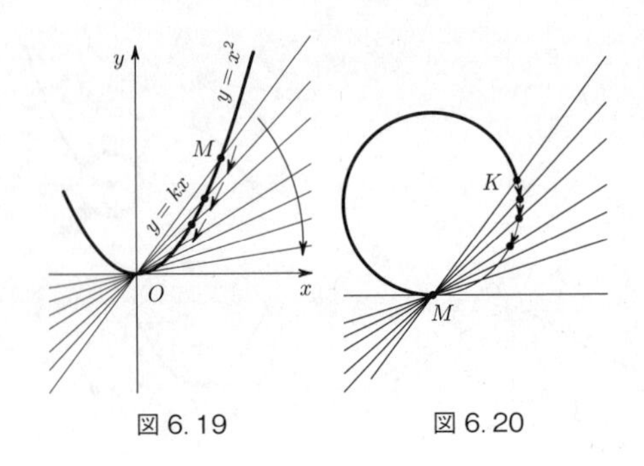

図 6.19　　図 6.20

原点において x 軸に，2次放物線 $y=x^2$ よりも密に接していると言ってよいことになるでしょう．

そこで，接線を定義するためには直線が曲線に「密着する」ということの意味を明確にしなければなりません．

放物線 $y=x^2$ について改めて考えます．x 軸（直線 $y=0$）と放物線との間は1本の直線も通れません．すなわち，$y=kx$ の形式で表されるどの直線も，ある区間において放物線の上側を通り，原点以外の点でも放物線と交わります．

k の絶対値を小さくしていくと，直線は回転するようにしだいに方向を変え，第2の共有点（図 6.19 の点 M）は第1の共有点（点 O）に近づき，最終的にはそれと一致します．このとき，割線が接線となります．

円に戻ってみましょう．図 6.20 では円周上の点 M を通って割線 MK が引かれています．点 K を点 M に近づけると割線は点 M の周りで回転し，ついには点 K が点

M に一致し，そのとき，点 M で接する接線になります．この接線には点 M 以外に円と共有する点はありませんが，このことは必須ではなく，副次的なことです．

このようにして，接線の次の定義を得ることになります．

定義．ある曲線 l があって，その曲線上に点 M があるとします（図 6. 21）．M 以外の 1 つの点 K と点 M とを通る直線 MK を引きます（この直線のように，曲線上のどれか 2 個あるいはそれ以上の点を通る直線を割線といいます）．ここで，点 K を曲線 l に沿って，点 M に近づくように動かすと，割線 MK は点 M の周りを回転します．そして点 K が点 M と 1 つになる最終的時点において，割線がある定まった直線 MN と一致するとき（図 6. 21 参照），この直線 MN を曲線 l の点 M における**接線**といいます．

このことから，ある曲線の点 M における接線と，この点 M を通る別の直線との決定的な違いは，接線の場合には曲線との共有点，つまり 2 つの交点が近づいていって，結局重なって 1 つになっている点だということになります．

ときには，2 つでなく 3 つの点が接点で 1 つになっていることもあります（図 6. 22）．

注意 1．接線の定義では，曲線と接線との共有点の個数に制限はなく，何個あっても構いません．図 6. 23a に描かれた曲線 γ の接線は点 M で接し，さらに 2 つの点で交

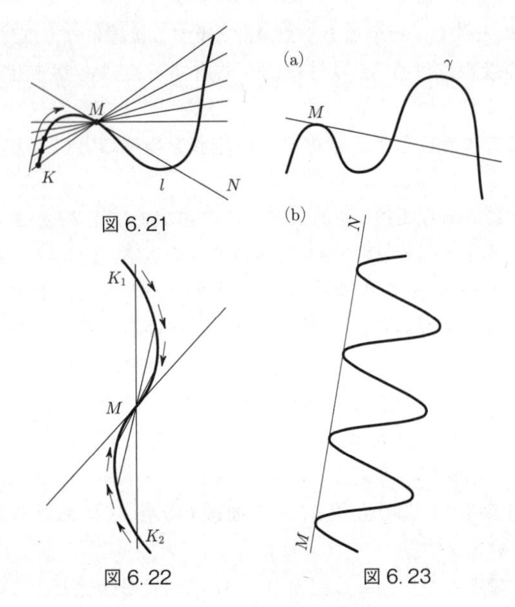

図 6.21

図 6.22

図 6.23

わっています．また，図 6.23b の直線 MN は，複数個の点で曲線と同時に接しています．

注意 2. 接線の定義では，点 K が点 M にどのように近づいてもよいことになっています．近づき方に関係なく，いずれの割線も最終的には同じ 1 つの直線になるときに**接線**というのです．点 M への点 K の近づき方が異なるのに応じて割線もまた違った直線に近づくのであれば，その曲線には点 M での接線はないということになります（たとえば，関数 $y=|x|$ は点 $(0,0)$ においては接線

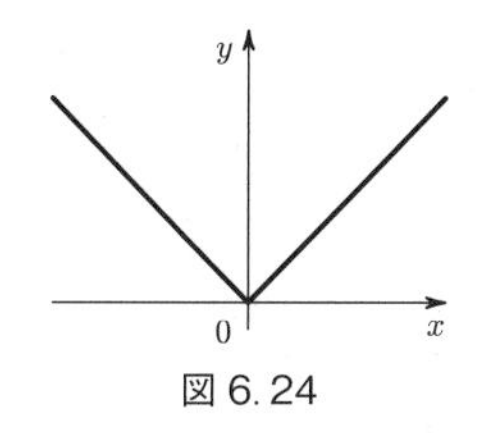

図 6.24

をもちません．図 6.24 参照)．

例題．放物線 $y=x^2+x$ の，点 $O(0,0)$ における接線を求めなさい．

解．放物線上に，座標が (a,b) である点 M をとります．当然，$b=a^2+a$ が成り立ちます．点 O と点 M を通る直線を引きます．この直線の方程式の形は $y=kx$ です．$x=a$ のとき，$y=a^2+a$ が成り立つことから $k=a+1$ となり，割線の方程式は $y=(a+1)x$ となります．ここで，点 $M(a,b)$ を点 $O(0,0)$ に近づけていくと，M が O に一致するときには点 M の x 座標 a は 0 になるので，割線 $y=(a+1)x$ は接線 $y=x$ となります．

答．接線の方程式は $y=x$ です．

練習問題

6-15．放物線 $y=x^2+x$ の，点 $A(1,2)$ における接線を求めなさい．☒

6-16．放物線 $y=-x^2+1$ の接線で，直線 $y=x$ に平行な直線を求めなさい．☒

6-17．(a) 直線 $y=0$ は $y=x^3+x^2$ の原点における接線であることを示しなさい．

(b) $y = x^3 - 2x$ の，点 $O(0, 0)$ における接線を求めなさい.

6-18. グラフが原点において x 軸に接するような，3 次関数 $y = ax^3 + bx^2 + cx$ を求めなさい.

第７章　多項式関数

§1　多項式とは何か

はじめに例を挙げましょう．いくつかのべき関数，たとえば $f(x)=x^2, g(x)=x^5, q(x)=x^3$ を考えることにします．これらに何か係数を乗じて，たとえば $3f(x)=3x^2$, $-g(x)=-x^5$, $2.5q(x)=2.5x^3$ とし，これら３つをすべて加えると新たな関数 $R(x)=3x^2-x^5+2.5x^3$ が得られます．式 $3x^2-x^5+2.5x^3$ は，ご存じのように**多項式**といいます．一般的には多項式は

$$Q_n(x)=a_nx^n+a_{n-1}x^{n-1}+a_{n-2}x^{n-2}+\cdots+a_1x+a_0$$

の形で表されます．また

$$y=a_nx^n+a_{n-1}x^{n-1}+a_{n-2}x^{n-2}+\cdots+a_1x+a_0$$

の形で与えられる関数を多項式関数といいます．

この多項式関数は非常に重要な関数です．そのわけは，多項式の値は簡単に計算できるからです．実際，その計算は独立変数 x について２種類の極めて単純な演算，すなわち足し算と掛け算を行うだけでよいのです．このことから，関数 $y=Q(x)$ は**有理整関数**とも呼ばれます．

有理整関数を与える式は，必ずしも多項式であるとは限りません．たとえば，式

$$F(x)=\frac{(x^2-2)^2-x^3+4}{2}$$

は多項式の形をしていませんが，この式の計算は変数 x についての加法と乗法の演算だけでできます（この式の数2での割り算（除算）は，分子の式についての演算であり，変数 x についての演算ではなく，$\frac{1}{2}$ を掛ける掛け算（乗算）に変えられるので，問題ではありません）．したがって，$F(x)$ は有理整関数 $y=F(x)$ を与える式であり，他の有理整関数と同様に多項式の形に書き換えることができます．実際，

$$\begin{aligned}F(x)&=\frac{(x^2-2)^2-x^3+4}{2}\\&=\frac{1}{2}(x^4-4x^2+4-x^3+4)\\&=\frac{1}{2}x^4-\frac{1}{2}x^3-2x^2+2\end{aligned}$$

であり，式 $F(x)$ は多項式の形に書くことができます．

関数 $y=G(x)=(x-1)(x-2)(x-3)(x-4)$ も有理整関数であり，これもまた多項式の形で表せます．それには括弧を展開して同類項をまとめ，降べきの順に並べればよいのです．

練習問題

7-1．次の多項式の次数[1]を答えなさい．

1）「多項式の次数」とは，その式の項のべきのうち最大のべきであることを思い出しましょう．

（a） 15^5x^2-3x

（b） $(x-1)(x^3+5x-3)$

（c） $(x-1)(x^3+5x-3)^5$

（d） $(x-1)(x^2-1)(x^3-1)(x^4-1)\cdots(x^{100}-1)$

7-2. 問題 7-1 の多項式（a）〜（d）の定数項はいくらか答えなさい．

7-3. 多項式 $(x+1)^n$ の x の係数を答えなさい．

§2 多項式関数のグラフ

みなさんは非常に簡単な多項式関数をすでに知っていて，それらのグラフを描けるようになっています．次数が 1 である多項式は 1 次関数 $y=kx+b$ であって，そのグラフは直線であり，次数が 2 の多項式関数 $y=ax^2+bx+c$ のグラフは放物線です．次数の高い多項式関数 $y=x^n$（ただしこの関数の項は複数個でなく 1 個なので単項式ですが）のグラフはなじみのあるこれらのグラフと本質的には同じです．もっと正確には，n が偶数の場合（偶数型）と奇数の場合（奇数型）とに「2 分類」されます．

一般に多項式関数のグラフの形は実にさまざまで，奇妙なものもあります．たとえば，多項式関数のグラフとして山岳の景色を描くこともできれば，3 つのマトリョーシカ[2]，猫の耳，さらにはモスクワ大学のビルのシルエット

2） ［訳注］マトリョーシカはロシアの民芸品の人形で，人形の中からまた人形が出てくる入れ子構造になっています．

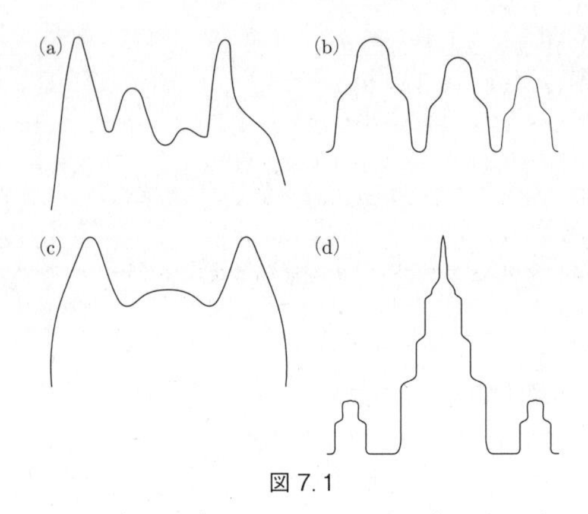

図 7.1

も描けます（図 7.1）．このことを踏まえると，次の命題が成り立ちます．

ある区間 $a \leqq x \leqq b$ において，y 軸に平行な直線をどこに引いたとしてもただ 1 個の点で交わる連続な曲線はすべて，関数 $y=P_n(x)$ のグラフで近似できる（$P_n(x)$ は n 次の多項式を表す）．

ところで，曲線が多項式関数のグラフになり得ない 2 つの条件があります．その 1 つは**不連続点**[3]をもつことです．たとえば $y=\dfrac{1}{x}$（図 7.2a），$y=\dfrac{x}{|x|}$（図 7.2b），$y=\dfrac{x^2-1}{x-1}$（図 7.2c）などのグラフには不連続点があるので，これらの関数のグラフ（曲線）は多項式関数のグラフ

3） ここでは解析学で学ぶ厳密な意味には触れずに，「不連続」の意味を直感的に捉えることにします．

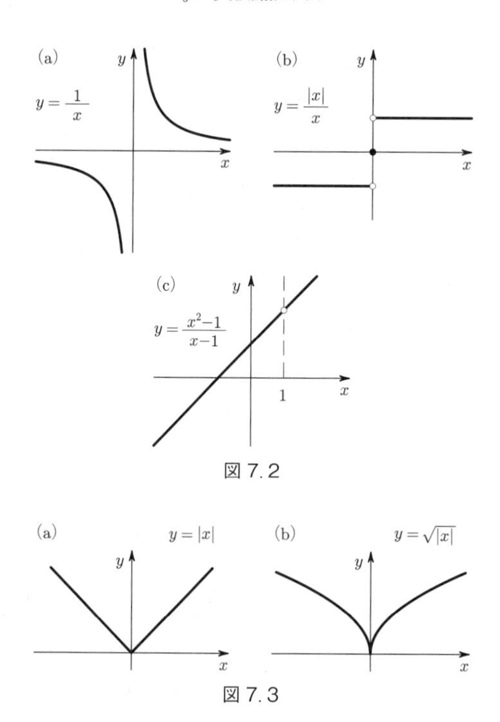

図 7.2

図 7.3

にはなり得ません．もう1つの条件は，曲線に「角」があることです．たとえば，$y=|x|$（図 7.3a）や $y=\sqrt{|x|}$（図 7.3b）のグラフには「角」があるので，これらの関数のグラフ（曲線）は多項式関数のグラフにはなり得ません．

注意．ここで述べられている条件は厳密に正確に描か

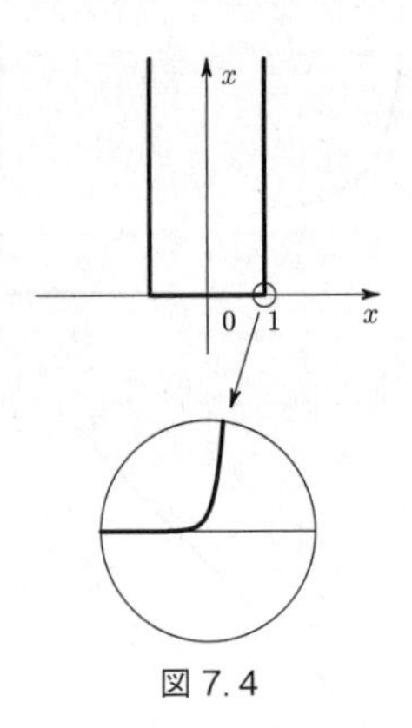

図 7.4

れ，ある意味での理想化がなされたグラフについてのことであって，現実にそのように描くことはできません．しかし，「線の幅の精度内で」となれば話は別です．たとえば，$y=x^{100}$ のグラフを 0 から 1 までの区間で描こうとすると，図 7.4 のように x 軸上の点 $(1,0)$ の付近で直角な線を描くことになってしまいます．しかし，グラフのこの部分を「拡大鏡」で見てみると，折れ線ではなく丸みのある線が見られます[4)]．

このように，多項式関数のグラフの形はいろいろですが，どれにも共通する重要な性質があります．それは，いかなるグラフも「一気に」（= 連続した曲線で）描かれて

4）［訳注］描いたグラフには角があるように見えますが，厳密には角はなく滑らかだということです．

おり，また鋭い角度で急に曲がることがない（＝滑らかである）ということです．また，多項式関数のグラフは垂直方向に限りなく伸びていくものであり，水平な帯状の領域内に留まることはありません（27ページの図1.1に描かれた $y=\dfrac{1}{1+x^2}$ のグラフはある領域内におさまりますが，多項式関数ではそのようなことは起こりません）．

グラフがどの方向に伸びるかは，最高次の項の係数によって決まります．n が偶数であるとき，a_n（x^n の係数）が正であれば，グラフの両端はいくらでも大きくなり，したがって上方向にいくらでも伸び，逆に a_n が負であれば，グラフの両端はいくらでも小さくなり，したがって下方向にいくらでも伸びます．つまり，偶数次の多項式のグラフは，変数 x の値が大きいときには関数 $y=ax^2$ のグラフに似てると言えます．n が奇数であるとき，関数 $y=Q_n(x)$ のグラフは，x の値が大きいときには関数 $y=ax^3$ のグラフに似ています．つまり，a_n が正であればグラフの右側は上方向に，左側は下方向に伸び，逆に a_n が負であれば，グラフの右側は下方向に，左側は上方向に伸びます．

§3　いくつかの例

例1．多項式関数

$$y=Q_3(x)=x^3+x^2-x-1$$

のグラフは，関数 $y=x^3$，$y=x^2-x-1$ のグラフの和と

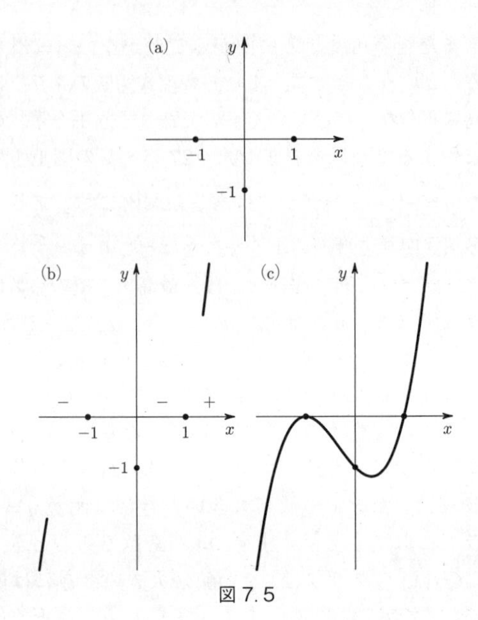

図 7.5

して描くことができますが，これとは違うやり方もあります．まず，多項式 $Q_3(x)$ を因数分解します．

$$\begin{aligned} x^3+x^2-x-1 &= (x^3+x^2)-(x+1) \\ &= x^2(x+1)-(x+1) \\ &= (x+1)(x^2-1) \\ &= (x+1)^2(x-1) \end{aligned}$$

これにより，多項式 $Q_3(x)$ は $x=-1$ または 1 のとき 0 になることがわかります．つまり，関数 $y=Q_3(x)$ のグ

ラフは x 軸と 2 つの点を共有します[5)]．また，$x=0$ とおくことで $y=Q_3(x)$ のグラフが y 軸上の点 $(0,\ -1)$ を通ることもわかります．そこで，座標軸上にこれらの 3 点をとります（図 7.5a）．

多項式 $(x+1)^2(x-1)$ の値が正になるか負になるかは，最後の因数（つまり $x-1$）の正負によって決まります．区間 $x>1$ では多項式 $Q_3(x)$ は正であって，残りの区間 $-1<x<1$ と $x<-1$ では負です．このことを図 7.5b に書きます．

$Q_3(x)$ が奇数次の多項式関数であれば，グラフの左側は下に向かい，右側は上に向かいます．このことも図に書きこみます（図 7.5b）．グラフが滑らかな曲線であることにも気をつけてください．

グラフは左から右へ進むにつれ，下（マイナス無限大）から点 $(-1, 0)$ まで滑らかに進みます．そして，この点でグラフは右下方向に滑らかに方向を変えます（「滑らか」なのは，前に述べたように多項式関数のグラフには「角」がないからです）．つまり，点 $(-1, 0)$ でグラフは x 軸に交わるのではなく，接するのです．

グラフはそのまま下方向に向かい，少し下がったところで再び方向を変えて点 $(1, 0)$ で x 軸と交わり，そこから急速に上方向に伸びます．グラフの全体の形は図 7.5c と

5）「グラフは x 軸と 2 つの点で交わる」と言わないのはなぜでしょう？ この言い方が正しくないことは，後でわかります．

なります.

例2. 多項式関数 $y=P(x)=x^4-4x^3-4x^2+16x$ のグラフを描くには，例1と同様に多項式 $P(x)$ を因数分解します．まず，x で括ります．

$$P(x)=x(x^3-4x^2-4x+16)$$

そして，括弧の中の式の共通因数を括り出して，因数分解します．

$$\begin{aligned}(x^3-4x^2)-(4x-16)&=x^2(x-4)-4(x-4)\\&=(x-4)(x^2-4)\\&=(x-4)(x-2)(x+2)\end{aligned}$$

次に，関数 $y=P(x)$ の値を0にする $x=-2,0,2,4$ を x 軸上にとり，グラフのおおよその形を描きます（図7.6a）．

注意. 図7.6aは x 軸と y 軸の縮尺を違えて描いてあります．

関数 $y=P(x)$ は偶関数でないので，描かれたグラフは y 軸に関して対称ではありません．ところが一見したところ，y 軸ではなく直線 $x=1$ に関して対称であるかのように見えます．このグラフが本当に対称形であるかどうか確かめることにします．

直線 $x=1$ が y 軸と重なるよう，関数 $y=P(x)$ のグラフを左方向に1だけ移動させます（図7.6b）．こうして得られた曲線は関数 $y=P(x+1)$ のグラフとなります．この関数を表す式を得るには，式 $P(x)$ の x に $x+1$ を代入します．多項式 $P(x)$ を積の形に表して

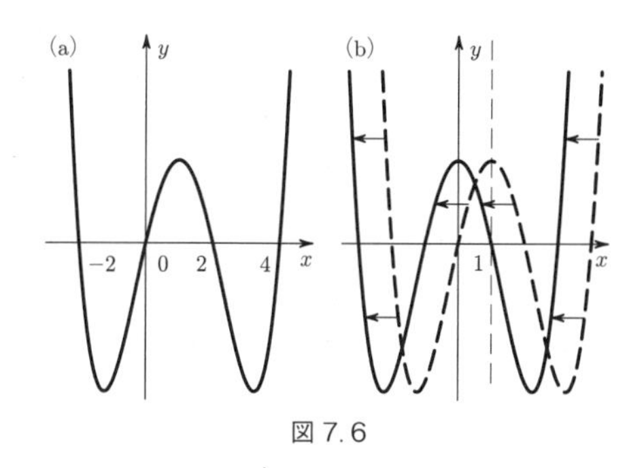

図 7.6

$$P(x) = (x+2)x(x-2)(x-4)$$

としておき，これを使って

$$\begin{aligned} P(x+1) &= (x+3)(x+1)(x-1)(x-3) \\ &= (x^2-9)(x^2-1) \\ &= x^4-10x^2+9 \end{aligned}$$

となります．

$P(x+1)$ の式には偶数べきの x だけがあることがわかります．したがって $y=P(x+1)$ は偶関数であって，そのグラフは y 軸に関して対称であることになります．

こうして $y=P(x+1)$ のグラフから，逆に右方向に 1 だけ移動させて得られる $y=P(x)$ のグラフもやはり線対称であることになります．私たちの目に狂いはありませんでした．

多項式 x^4-10x^2+9 は「複 2 次式」といいます．複 2 次の 4 次式は必ず ax^4+bx^2+c の形式に書けます．この式が 0 になる x の値を求めるには，$z=x^2$ とおいて 2 次

方程式 $az^2+bz+c=0$ を解けばよいことはすぐにわかるでしょう.

例 3. 多項式関数 $y=f(x)=x^4+x^3-6x^2-x+2$ のグラフを描きます. この関数を2つの関数 $y=f_1(x)=x^4+x^3-6x^2$, $y=f_2(x)=-x+2$ の和として表します. 多項式 $x^4+x^3-6x^2$ は簡単に因数分解できます. 各項の共通因数 x^2 でくくり, $f_1(x)=x^2(x^2+x-6)=x^2(x+3)(x-2)$ となります.

ここまでくれば, 関数

$$y=f_1(x)=x^2(x^2+x-6)=x^2(x+3)(x-2)$$

のグラフが x 軸と共有点 $x=-3,0,2$ をもつこと, さらに言えば, 方程式 $f_1(x)=0$ が重根をもつ $x=0$ ではグラフは x 軸に接し, $x<-3$ または $x>2$ ではグラフが上に (正の無限大に) 伸びることは明らかでしょう. これらのことを座標平面上に書きこみ (図 7.7a), 関数 $y=f_1(x)$ のグラフの概形を点線で示します.

グラフをより正確にするために, 関数 $y=f_1(x)=x^2(x^2+x-6)=x^2(x+3)(x-2)$ の値をさらにいくつか求めてみます. たとえば, $f_1(-2)=-16$, $f_1(-1)=-6$, $f_1(1)=-4$ となることから, これらに対応する点をとり, 滑らかな線で結ぶと図 7.7b となります (区間 $-2\leqq x\leqq 2$ における関数の値は x の変化と比べて非常に大きいので, 図 7.7b では x 軸の単位長さを y 軸のそれより4倍引

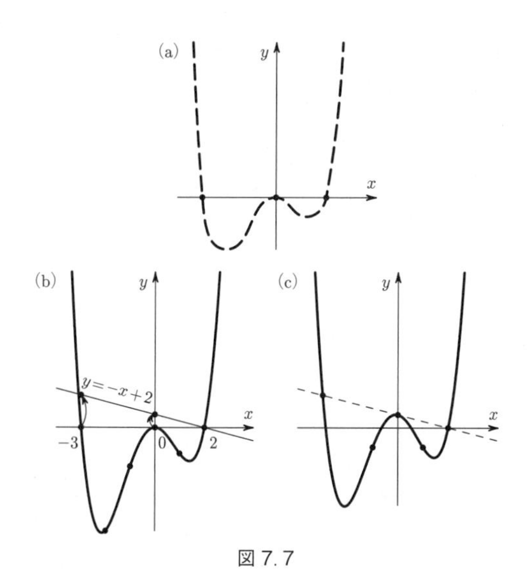

図 7.7

き延ばしてあります[6]）.

関数 $y=f(x)=x^4+x^3-6x^2-x+2$ のグラフを得るには，$y=f_1(x)$ のグラフと $y=f_2(x)$ のグラフを加え合わせなければなりません．加え合わせると，関数 $y=f_1(x)$ の値が 0 である点は，x 軸から直線 $y=-x+2$ の上に移り，得られた曲線は $x=0$ でこの直線に接することになります．グラフの全体は図 7.7c となります．

6）［訳注］y 軸の 4 と x 軸の 1 とが同じ長さになるということです．

例4. 今度は少し変わった問題を解くことにします．これまではさまざまな関数が与えられていて，それらのグラフを描いてきました．そこで逆に，図7.8のようにすでに多項式関数のグラフが与えられているときに，その多項式を求めてみましょう．

まず，求める多項式の次数が偶数であることに気をつけます．次数が偶数の関数は，x の絶対値が大きくなるとき関数の値の符号は揃いますが，図7.8からこの値が正であることがわかるので，x の次数が最も大きい項の係数は正であることになります．

さらに，グラフは放物線に少しも似ていないので，多項式の次数が2より大きいことは明らかです．

そこで，この多項式は4次の多項式であるとしてみます．

これまでに何度も行ったように（たとえば第1章の§3，本章の例2など），多項式を1次式の因数へ分解する方法がここでも使えそうです．ところがグラフを見ると，求める多項式 $F(x)$ は，2つの根しかもちません（すなわち方程式 $F(x)=0$ は2つの解しかもちません）．そのため，$F(x)$ は1次式の因数に分解することができません[7]．

次のようにしてみましょう．グラフとできる限り多くの点で交わるような水平線を引きます．図7.8からわ

7） $F(x)$ が積 $(x-a)(x-b)(x-c)(x-d)$ で表されるならば，$F(x)$ は4個の根 a, b, c, d をもつことになります．

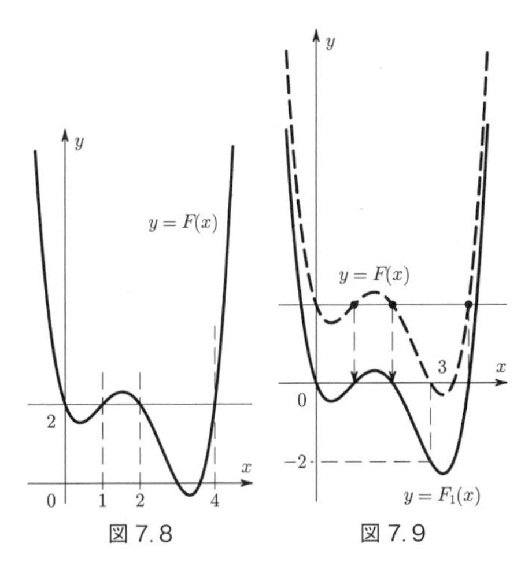

図 7.8　　図 7.9

かるように，グラフは直線 $y=2$ と，x 座標が $0, 1, 2, 4$ である点で交わります．そこからグラフを 2 だけ下方向に下ろすと，これらの 4 点はすべて x 軸上に移ります（図 7.9）．つまり，$F(x)-2$ を $F_1(x)$ とおくと，この多項式 $F_1(x)$ は $F_1(x)=ax(x-1)(x-2)(x-4)$ の形で表されます．

この式の a の値を求めるために，$F_1(x)$ が 0 にならない x の値，たとえば $x=3$ をとります．このとき $F_1(3)=-6a$ となります．描いたグラフを見ると，$F(3)$ の値は 0 ですから $F_1(3)=F(3)-2=-2$ となり，$-6a=-2$ であることから $a=\dfrac{1}{3}$ が得られます．こうして，あらかじめ想定していた 4 次多項式は次のように書けます．

$$F(x)=\frac{1}{3}x(x-1)(x-2)(x-4)+2$$
$$=\frac{1}{3}(x^4-7x^3+14x^2-8x+6) \qquad (1)$$

この式がこれまでに使わなかった点（つまり x 座標が $0,1,2,3,4$ 以外の点）でもこのグラフにうまく当てはまるか，計算をして確かめる必要があります．それには式（1）の x にいくつかの値を代入し，そうして得られる点の座標を表にします．これらの点は確かにグラフ上にあることが確認できるので，求めた式が正しい答であるとみなすことができます．

x	y
$\frac{1}{2}$	$1\frac{9}{16}$
$\frac{3}{2}$	$2\frac{5}{16}$
$\frac{5}{2}$	$1\frac{1}{16}$
$\frac{7}{2}$	$-\frac{3}{16}$

練習問題

7-4. 関数 $y=x^3+4x$ と関数 $y=x^3-4x$ のグラフを描きなさい．

7-5. 関数 $y=x^4-2x^2+1$ と関数 $y=|x^2-1|$ のグラフを描きなさい．これらのグラフと x 軸との交点はそれぞれ何個ありますか．それらの交点の x 座標の値はいくらですか．また，これらの交点の近くで，2つのグラフはどのように違っていますか．

指示． 第4章§7を見なさい．

7-6. 関数 $y=x^4-4x^3-4x^2+16x$ が最小になる点の座標を正確に求めなさい（図 7.6a 参照）．

指示． x 軸に沿ってグラフを移動させ（上の例2を参照），x^2 を u に置き換えなさい．

7-7. 関数

$$y = f(x) = x^4 + x^3 - 6x^2 - x + 2$$

のグラフ（図 7.7c）から，方程式

$$x^4 + x^3 - 6x^2 - x + 2 = 0$$

は 4 個の根をもつことがわかります．この多項式の定数項だけを変えた方程式

$$x^4 + x^3 - 6x^2 - x + q = 0$$

が 3 個の解をもつようにするには，定数項 q の値をいくらにすればよいですか．同様に，解の個数が 2 個，1 個の場合と，解をもたない場合の定数項 q の値はそれぞれいくらですか．また，それらの場合のグラフの概形を描きなさい．

7-8. ある 4 次多項式を因数分解すると

$$Q_4(x) = (x^2 - 4x - 5)(x^2 + px + q)$$

となります．方程式

$$(x^2 - 4x - 5)(x^2 + px + q) = 0$$

は，パラメータ p と q の値に応じて，何個の解をもちますか．それぞれの場合の例を挙げて，関数 $y = Q_4(x)$ のグラフの概形を描きなさい．

7-9. 多項式関数

$$y = x^4 + 4x^3 + 4x^2 + 2$$

は，y 軸に平行な対称軸をもつことを証明しなさい．

指示. グラフを右に 1 だけ移動させなさい．

7-10. 多項式関数

$$y = x^4 - 2x^2 + 3x - 3$$

には y 軸に平行な対称軸がないことを証明しなさい．

7-11. 4 次多項式

$$y = ax^4 + bx^3 + cx^2 + dx + e$$

が y 軸に平行な 対称軸をもつための条件を求めなさい．☒

7-12. 関数 $y = kx + b$ のグラフは，4 次の多項式関数のグラフと 5 個以上の交点をもたないことを証明しなさい．

§4 3次多項式関数のグラフの対称性

前章の§3で学んだ3次多項式関数に戻ります．$y=ax^3$ と $y=ax^3+bx$ はいずれも奇関数であり，そのグラフは座標原点に関して点対称です．いっぽう，関数 $y=x^3+bx^2$（ただし $b\neq 0$）は偶関数でも奇関数でもありませんが，このグラフも点対称であるかのように見えます(たとえば，図6.9aを見てください)．

ここで，どんな3次多項式関数もグラフは点対称の性質をもつことを証明します．

前節（148〜149ページ）で，4次の多項式について似た問題を解きました．そこでは，対称軸が $x=1$ であることがあらかじめわかっているとして，グラフを1だけ左に移動させると多項式から x^3 の項と x の項がなくなり，こうして「変更された」関数は偶関数になるのでした．

今度は，関数 $y=x^3+px^2+qx+r$ のグラフをどの方向へどれだけ移動させればよいかはわかっていませんが，この関数が奇関数になることを妨げている項，すなわち px^2 と r を「掃き出す」ことが目標であることははっきりしています．定数項 r は，グラフを y 軸と平行に移動させることで簡単に処理できます．そこで，グラフを x 軸と平行に移動させて項 px^2 を取り除くことを試みます．

移動させる距離はまだわからないので，これを文字 h で表します．すると移動後のグラフの方程式は，x を $x-h$ に変えてつぎのような形で得られます．

$$y=f(x-h)=(x-h)^3+p(x-h)^2+q(x-h)+r$$

ここで，この式の括弧を展開した結果，x^2 の項がなくなるようにしなければなりません．実際に括弧を展開すると

$$
\begin{aligned}
f(x-h) &= (x-h)^3+p(x-h)^2+q(x-h)+r \\
&= x^3-3hx^2+3h^2x-h^3+px^2+\cdots
\end{aligned}
$$

となります．

x^2 の項をなくすという目的からは，$\cdots$ より先を計算して展開する必要はありません．

こうして

$$f(x-h) = x^3-(3h-p)x^2+\cdots$$

を得ます．したがって，グラフを $h=\dfrac{p}{3}$ だけ移動させると，x^2 の項がなくなることがわかります．その結果グラフの方程式は $y=x^3+q_1x+r_1$ の形となり，つづいて y 軸と平行に $-r_1$ だけ移動させれば，グラフが原点 $O(0,0)$ に関して点対称である奇関数 $y=x^3+q_1x$ が得られます．

座標軸に平行な移動を2回行えば，どんな3次多項式関数のグラフも原点に関して対称になるようにできること[8]が証明されました．式を書き変えてもグラフの形は変わらないので，次の結論を得たことになります．

3次多項式関数のグラフはすべて点対称である．

したがって，関数 $y=x^3+qx$ のグラフの形がわかれば，一般の3次多項式のグラフの形がわかります．

8）言いかえると，関数を与える式で，x を $x-h$ に，y を $y+r_1$ に変えることによって，$y=x^3+qx$ の形に書けることです．

すでに$y=x^3+qx$について，$q=4$である関数と$q=-4$である関数のグラフを描いて（練習問題7-4参照），これらがまったく違った曲線であることを知っています．ほかの場合もあり得るでしょうか．

多項式x^3+qxを因数分解して，$x^3+qx=x(x^2+q)$とします．関数$y=x^3+qx$のグラフは原点$(0,0)$を必ず通ります．グラフとx軸の交点がこれ以外にあるかどうかは，方程式$x^2+q=0$がどんな解を何個もつかによります．

そこで，$q<0, q=0, q>0$の3つの場合に分けて考えます．

最初の$q<0$の場合には，この方程式は2つの解，$+\sqrt{-q}$と$-\sqrt{-q}$をもちます．つまり，グラフは原点以外にx軸と2つの点で交わり，また原点に関して対称であるので，グラフの概形は図7.10aのようになります．

2番目の$q=0$の場合には，関数$y=x^3+qx$は$y=x^3$となり，この関数のグラフは図7.10bのとおり，すでにおなじみのものです．

最後に$q>0$の場合には，式x^2+qはxがどんな値であっても0にはなりません．つまり，関数$y=x^3+qx$はx軸とただ1つの点（原点）だけで交わり，関数は単調に増加します．グラフの概形は図7.10cのとおりです．

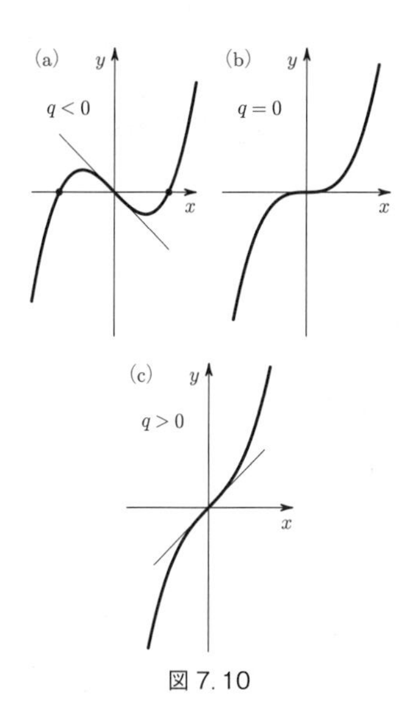

図 7.10

練習問題

7-13. (1) 関数 $y=x^3-3x^2+4x-1$ のグラフを移動させて，点対称の中心が原点となるようにしなさい．

(2) 次の関数 (a), (b) のグラフについて，点対称の中心の座標を求めなさい．

(a) $y=x^3-3x^2+4x-1$

(b) $y=x^3+3x^2+2x-2$ ⊠

(3) 関数 x^3-3x^2+4x-1 と $y=x^3+3x^2+2x-2$ のグラフの概形を描きなさい．

第8章　有理関数

§1　定　義

分数で表される関数で，分母と分子がともに多項式であるような関数を**有理関数**といいます．

次の関数は有理関数の例です．

$$y=\frac{x^3-5x+3}{x^6+1} \qquad y=\frac{(x-1)^2(x+1)}{x^2+3}$$

$$y=x^2+3-\frac{1}{x-1}$$ [1)]

第5章で学んだ1次分数関数

$$y=\frac{ax+b}{cx+d}$$

もまた有理関数です．これは，分母と分子が1次の多項式である分数で表された関数です．

2次以上の多項式からなる分数関数のグラフは一般に大変複雑であって，詳細を完全に反映させた精確なグラフを

---

1)　この関数には分数でない項が含まれていますが，$x^2+3-\dfrac{1}{x-1}=\dfrac{(x^2+3)(x-1)-1}{x-1}$ であって，分母，分子ともに多項式の形に書き直すことができるので，有理関数です．

描くのが容易でない場合があります．しかし，たいていの場合にはこれまでに学んだやり方と同様の方法で描くことができます．

§2　有理関数のグラフの描き方

例 1．関数 $y=\dfrac{x-1}{x^2+2x+1}$ のグラフを描きます．

最初に，$x=-1$ では関数が定義されないことに注意します（$x=-1$ のとき分母 x^2+2x+1 が 0 になるからです）．x の値が -1 に近いとき，分子 $x-1$ の値はほぼ -2 であり，分母 x^2+2x+1 すなわち $(x+1)^2$ は常に正で絶対値は小さく，0 に近い数です．つまり，分数 $\dfrac{x-1}{x^2+2x+1}$ の値は負で，絶対値は大きいということになります（x が -1 に近ければ近いほど，絶対値は大きくなります）．以上により，次の結論を得ます．

結論．グラフは 2 つの枝に分かれ（グラフには $x=-1$ である点はないから），どちらの枝も，$x=-1$ に近づくにつれ下に伸びていきます（図 8.1a）．

次に，分子について考えます．分子は $x=1$ のとき 0 になることから，グラフが $x=1$ で x 軸と交わることがわかります．また，$x=0$ での関数の値を計算すると $y=-1$ となり，こうして y 軸との交点がわかることで，グラフが中央部付近でどういう形になるか見当がつきます（図 8.1b）．

最後に，x の絶対値が大きいとき関数の値がどうなるか

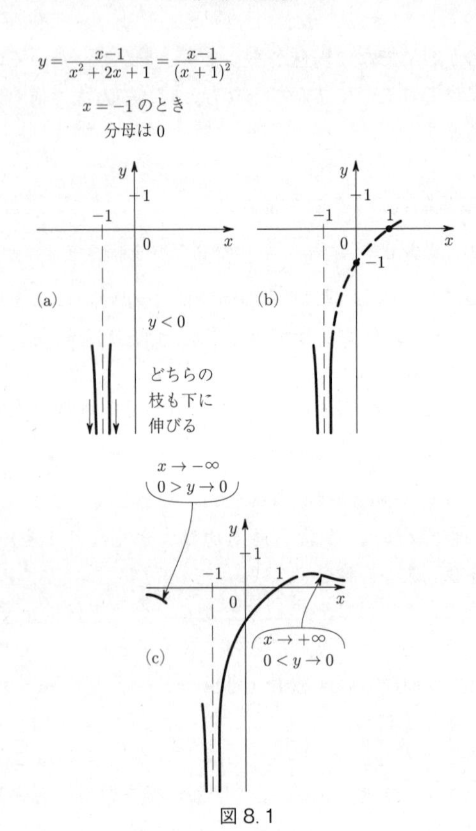

図 8.1

を調べなければなりません．

x が正のとき，絶対値が大きくなると分子，分母ともに大きくなります．ところが，分子に含まれる x の次数

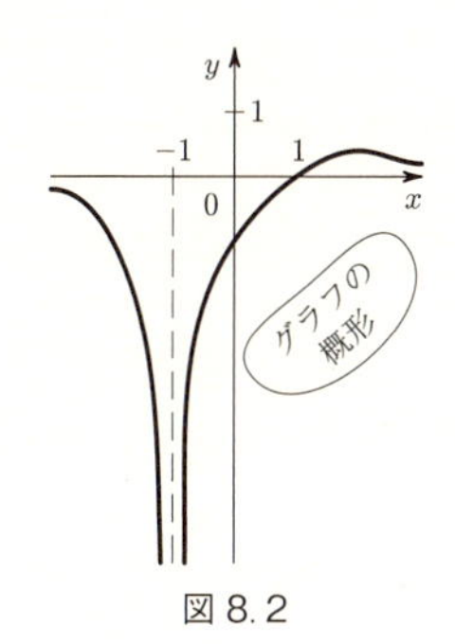

図 8.2

は 1 であるのに対して分母は 2 次であるので，x が大きくなるとき，分母が分子よりもはるかに急激に大きくなります．つまり，x が限りなく大きくなるとき，関数 $y=\dfrac{x-1}{x^2+2x+1}$ の値は 0 に近づいていきます．こうして，点 $x=1$ より右側にあるグラフの右の枝は x 軸より上に出た後に下がり始め，x 軸に近づきます（図 8. 1c）．

曲線の左側の枝についても同じように考えて，x の絶対値が大きくなるにつれて，今度は x 軸に下から近づくことがわかります（図 8. 1c）．次の節（165 ページ）で，右側の枝が最も高くなる点を正確に求める方法を述べます．以上をまとめれば，グラフ全体の概形を描くことができます（図 8. 2）．

例 2. 関数 $y=\dfrac{x}{x^2+1}$ のグラフを描きます．

便宜上，まず分子の $y=x$ と分母の $y=x^2+1$ のグラフを 1 つの図に描きます（図 8. 3a）．与えられた関数のグラ

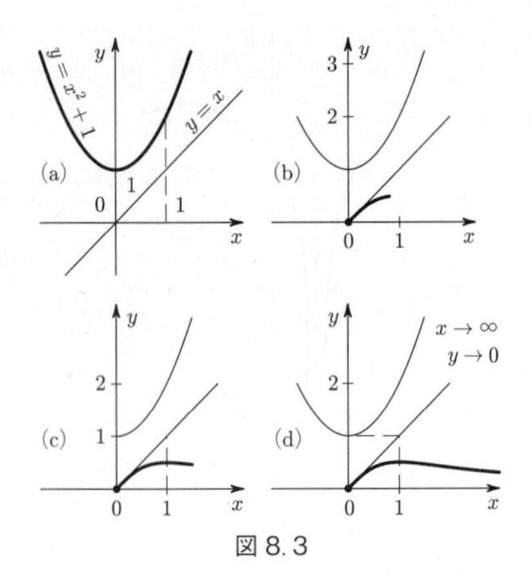

図 8.3

フを描くためには，x のいくつかの値について，分子の値を分母の値で「割り算」する必要があります．

$x=0$ のとき分子は 0 ですから，求めるグラフは原点を通ります．つづいて座標を右に進み（つまり，変数 x の値が正の場合を考えます），x の値が非常に小さいときには，x^2 の値は x の値よりも小さく，分母の値はほぼ 1 であり（実際は 1 よりわずかに大きい），関数そのものの値は分子の x の値とほぼ等しい（実際は分子の値よりわずかに小さい）．このことからわかるように，グラフははじめ直線 $y=x$ に沿って伸び，次第にそれより下側へ逸(そ)れていきます（図 8.3b）．

やがて x^2+1 が x よりも急速に大きくなり，分母が分子よりも大きくなるため分数の値は小さくなり，グラフは

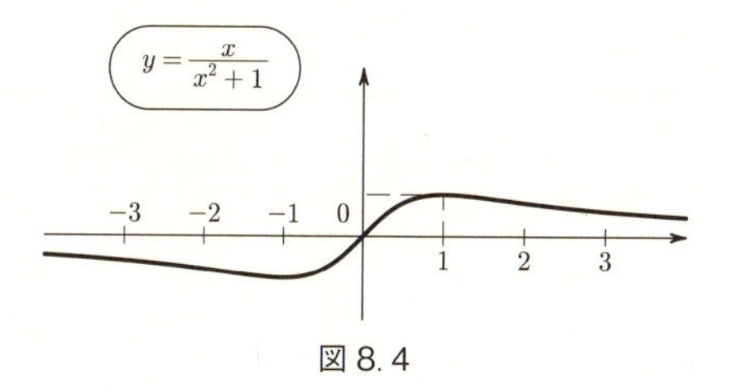

図 8.4

下がり始めます．さらに，x の値が大きくなるにつれて分数の値はますます小さくなり，グラフは x 軸に近づいていきます（図 8.3d）．

与えられた関数が奇関数であることに注目すれば，これまでに描いた部分をもとにしてグラフの左半分を描くことができます．こうして，グラフ全体の概形は図 8.4 となります．

§3　グラフの最高点の求め方

前節でグラフを描いた関数

$$y=\frac{x}{x^2+1}$$

を例にして，グラフの右半分で最も高い点（左半分では最も低い点）を正確に求めることにします．

この曲線の高さには上限があることは明らかです．分母 x^2+1 の値が分子 x の値よりもはるかに早く大きくなるからです．

そこで，曲線の高さが 1 になることはあり得るか，言

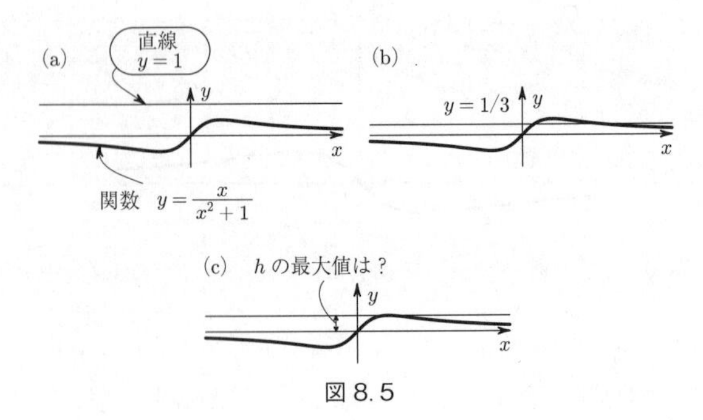

図 8.5

い換えれば，xがある値をとるときにyの値が1になることはあり得るかどうかを調べます．$y=1$としてみると，方程式$\frac{x}{x^2+1}=1$すなわち$x^2-x+1=0$を得ます．この方程式は実数解をもちません（各自で確かめましょう）．このことから，グラフ上にはy座標が1である点はないことがわかります．これは，グラフが直線$y=1$と交わらないことを意味します（図 8.5a）．

そこで，直線の高さをもっと低く，たとえば$\frac{1}{3}$としてみましょう．曲線がこの高さに届くためには，等式$y=\frac{x}{x^2+1}=\frac{1}{3}$，すなわち$x^2-3x+1=0$が成り立たなければなりません．この方程式は2つの実数解をもち（確かめましょう），このことから，グラフ上にはy座標が$\frac{1}{3}$である点が2つあり，グラフは直線$y=\frac{1}{3}$と2つの点で交わることがわかります（図 8.5b）．

グラフの最高点を求めるには，方程式 $y=\dfrac{x}{x^2+1}=h$ が解をもつ最大の h の値を求める必要があります（図8.5c）．そこで方程式 $y=\dfrac{x}{x^2+1}=h$ を $hx^2-x+h=0$ と書き換えると，この方程式は $1-4h^2\geqq 0$ のときに解をもつことから，不等式 $h^2\leqq\dfrac{1}{4}$ を解いて，$-\dfrac{1}{2}\leqq h\leqq\dfrac{1}{2}$ を得ます．

つまり，グラフが達する最大の高さは $\dfrac{1}{2}$ です．

y がこの最大値に達するときの x の値を求めましょう．$\dfrac{x}{x^2+1}=\dfrac{1}{2}$ すなわち $x^2-2x+1=0$[2] を解いて，$x=1$ を得ます．以上をまとめると，グラフの最高点は $\left(1,\dfrac{1}{2}\right)$ です．

練習問題

8-1．関数 $y=\dfrac{x-1}{(x+1)^2}$ のグラフについて，最高点の y 座標を求めなさい（本章§2の例1（161ページ）参照）．

§4　ある不等式について

関数 $y=\dfrac{x^2+1}{x}$ のグラフを描きます．

$$\frac{x^2+1}{x}=\frac{1}{\dfrac{x}{x^2+1}}$$

であることに気がつけば，関数 $y=f(x)$ のグラフをもと

2）　左辺が完全平方式 $(x-1)^2$ になったのは偶然でしょうか．

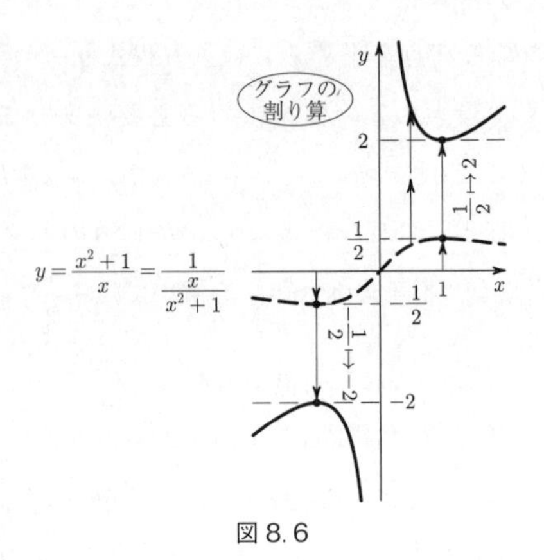

図 8.6

に関数 $y=\dfrac{1}{f(x)}$ のグラフを描くという，すでに学んだ方法（113 ページ参照）でグラフを容易に描くことができます（$x \neq 0$ であることに注意）．

この方法で得られるグラフの概形を図 8.6 に描いてあります．

ここでは，別のやり方で描きます．このやり方だと，この曲線の興味ある特徴が定かになります．

分子の各項を分母で割ると

$$\frac{x^2+1}{x}=x+\frac{1}{x}$$

となります．

つづいて，関数 $y=\dfrac{x^2+1}{x}=x+\dfrac{1}{x}$ のグラフを，すで

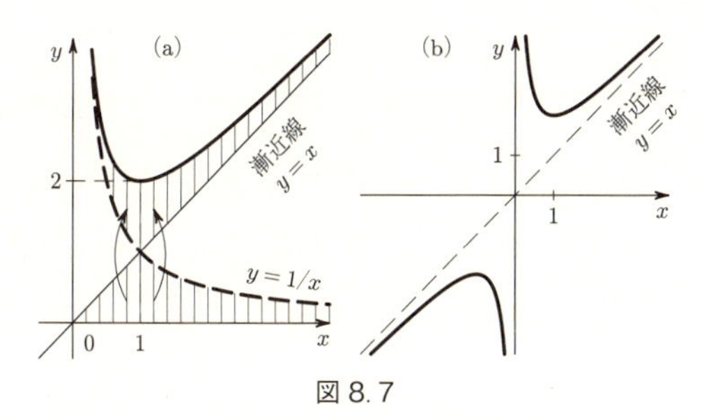

図 8.7

に形がわかっている関数 $y=x$ と関数 $y=\dfrac{1}{x}$ のグラフを「足し算」することで描きます．$x>0$ でのグラフを描ければ（図 8.7a），$x<0$ でのグラフは関数 $y=x+\dfrac{1}{x}$ が奇関数であることに基づいて描けます（図 8.7b）．

まず，関数 $y=\dfrac{x^2+1}{x}=x+\dfrac{1}{x}$ のグラフは，x の絶対値が小さくなるとき，垂直な漸近線すなわち y 軸に近づいていくことがわかります．また，x が限りなく大きくなるとき，このグラフの右側の枝が傾いた漸近線 $y=x$ へ近づいていくこともわかります．

次に，関数 $y=\dfrac{x^2+1}{x}$ のグラフの右の枝が最も低くなる点の座標を求めます．

これはグラフを描く最初のやり方で求まります（図 8.6 参照）．関数 $y=\dfrac{x^2+1}{x}$ のグラフが最も低くなる点は，分母と分子を入れ替えた関数 $y=\dfrac{x}{x^2+1}$ のグラフが最も高くなる点で，それは $x=1$ のときです．したがって，関数 $y=\dfrac{x^2+1}{x}$ の y 座標の最小値は2で，求める点の座標は $(1, 2)$ です．こうして，「x が正のとき（グラフの右側部分では)，かならず $\dfrac{x+1}{x}\geqq 2$ が成り立つ」という，興味深い結果を得ます．

練習問題

8-2. 次の不等式を証明しなさい．

$$a+\frac{1}{a}\geqq 2 \quad (\text{ただし } a>0) \qquad (1)$$

なお，$a<0$ のときにはどんな不等式が成り立ちますか．

8-3. 次の不等式を証明しなさい．

$$\frac{a+b}{2}\geqq \sqrt{ab} \quad (\text{ただし } a>0, b>0) \qquad (2)$$

この不等式を言葉で述べると，「2つの正の数の算術平均（相加平均）はそれら2数の幾何平均（相乗平均）よりもいつでも大きいか，あるいは等しい」となります．不等式（1）は不等式（2）の特別な場合です[3]．

8-4. 不等式 $x+\dfrac{1}{x}\geqq 2$ を使うと，「正直な商人」という古くからある問題が解けます．ある正直な商人が自分の秤は正確ではないことを知っていました．天秤棒の一方が他方よりも少し長かったからです（当時は図8.8のような，両端に皿がある天秤棒が使われていました)．どうすればいいだろう？「客をだますことは良くないことだし，かと言って自分に損になることはしたくない」，こう考えた商人は，客に売る品物を2度に

3）［訳注］不等式（2）で $b=\dfrac{1}{a}$ とすると，不等式（1）となります．

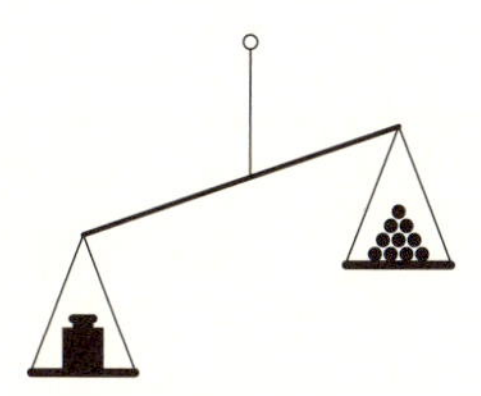

図 8.8

分けて量ることにし，まず半分を左の皿にのせて量り，つづいて残りの半分を右にのせて量ることにしました．こうすることで，商人は損をしたのでしょうか，それとも得をしたのでしょうか．

指示．天秤が釣り合うのは，m 倍長いほうの片腕の皿にのっているものより m 倍重いものが，他方の皿にのっているときです[4]．

§5　もう１つの例

例としてさらに，関数

$$y=\frac{1}{x+1}+\frac{1}{x-1}$$

を考えます．

4）［訳注］短いほうの腕の長さを k とし，長いほうの腕の長さを l とします（つまり $k<l$）．また，腕の短いほうの皿にのっているものの重さを x，他方のものの重さを y とすると，釣り合うための条件は $kx=ly$ が成り立つことです．これは「長さ×重さ」が左右で等しいことを意味します．この等式が成り立つことを「梃子（てこ）の原理」といいます．巻末の「答・指示・解法」での訳注も参照してください．

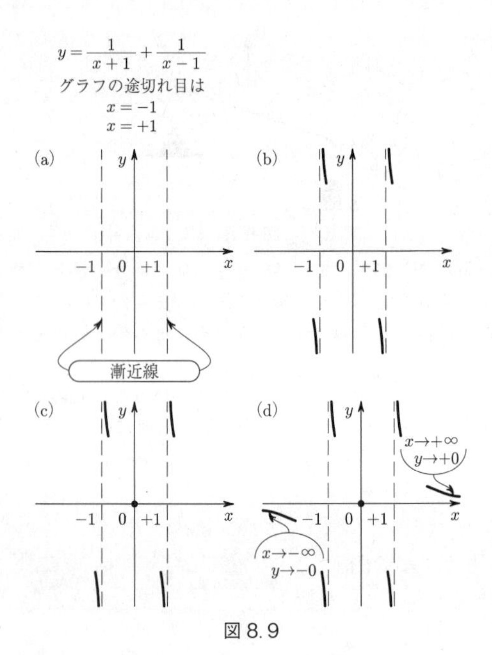

図 8.9

この関数は2つの関数の和の形で表されていて，もちろん，この関数のグラフは関数 $y = \dfrac{1}{x+1}$ と関数 $y = \dfrac{1}{x-1}$ のグラフを加えることによって描けます．しかし，次のように考えると，グラフ全体の概形がすぐにわかります．

(a) 関数は，$x = 1$ と $x = -1$ では定義されないので，グラフは3つの枝に分かれます（図 8.9a）．

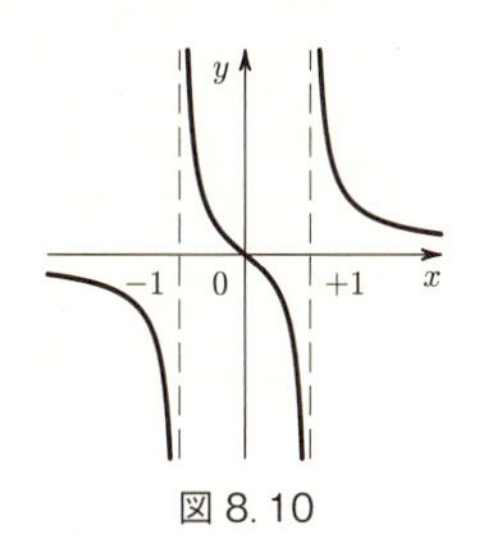

図 8.10

(b) x が 1 に近づくとき，第 2 項の絶対値は限りなく大きくなりますが，第 1 項は有限の値のままです．関数全体としては値は限りなく大きくなり，グラフの枝は $x=1$ の近くで x 軸から限りなく遠ざかります．このとき，$x=1$ より右側（すなわち $x>1$）では関数の値は正であって，曲線は上に伸び，左側（$x<0$）では下に伸びます（図 8.9b）．

$x=-1$ の近くでも，グラフは同じような形になります．

(c) $x=0$ のときには $y=0$ ですから，グラフは原点を通ります（図 8.9c）．

(d) x の絶対値が大きくなると，2 つ項の絶対値はいずれも小さくなるので，3 つの枝のうち右の枝は右側上方向から，左の枝は左側下方向から，x 軸に近づきます（図 8.9d）．

これらの情報を総合すれば，グラフ全体を描けます（図

8. 10).

練習問題

8-5. この例のグラフが原点に関して対称であることを示しなさい.

これまでの例から,1つのグラフを描くのにもいろいろな方法があることがわかります.そこで,いくつかのグラフを描くことを練習問題としますが,最も適した描き方を選ぶ楽しみは,読者諸君のためにとっておきます.

練習問題

8-6. 関数 $y=\dfrac{1}{x}+\dfrac{1}{x-1}+\dfrac{1}{x+2}$ のグラフを描きなさい.グラフはいくつの「部分」に分かれますか.

8-7. (a) 関数 $y=\dfrac{1}{x-1}-\dfrac{1}{x+1}$ のグラフを描きなさい.

(b) 関数 $y=\dfrac{1}{x}-\dfrac{1}{x+2}$ のグラフを描きなさい.また,この曲線の対称軸を答えなさい.

8-8. 次の関数のグラフを描きなさい.

(a) $y=\dfrac{1}{(x-1)(x-2)}$

(b) $y=\dfrac{1}{(x-1)(x-2)(x-3)}$

(c) $y=x+\dfrac{1}{x^2}$

補充問題

1. 次の関数のグラフを描きなさい.

(a) $y=x(1-x)-2$　(b) $y=x(1-x)(x-2)$

(c) $y=\dfrac{1}{x^3-5x}$　(d) $y=\dfrac{2|x|-3}{3|x|-2}$

(e) $y=\dfrac{1}{4x^2-8x-5}$　(f) $y=\dfrac{4-x}{x^3-4x}$

(g) $y=\dfrac{1}{x^2}+\dfrac{1}{x-1}$　(h) $y=\dfrac{1}{x^2}+\dfrac{1}{x^3}$ ☒

(i) $y=(2x^2+x-1)^2$　(j) $y=|x|+\dfrac{1}{1+x^2}$

(k) $y=(x-3)|x+1|$　(l) $y=|x-2|+2|x|+|x+2|$

(m) $y=\left[\dfrac{1}{x}\right]$　(n) $y=\dfrac{|x+1|-x}{|x-2|+3}$

(o) $y=\dfrac{x}{[x]}$ ☒　(p) $y=[x]^2$

(q) $y=(x-[x])^2$

2. 1次分数関数 $y=\dfrac{2x+a}{x+1}$ のグラフを, a の値をいくつか変えて描きなさい. 特徴の異なる図はいくつありますか.

3. 分母, 分子がともに2次式である有理関数のグラフの形は, 分母, 分子それぞれの根の個数によって変わります. 次の問題に答えなさい.

(1) 次の関数のグラフを描きなさい.

(a) $y=\dfrac{x^2-2x+1}{x^2+2}$　(b) $y=\dfrac{x^2-2x+4}{x^2+x-2}$

(c) $y=\dfrac{x^2+2x}{x^2+4x+3}$　(d) $y=\dfrac{3x^2-10x+3}{x^2-x-6}$

(2) 関数 $y=\dfrac{ax^2+bx+c}{x^2+px+q}$ の分子の 2 つの根が分母の 2 つの根よりも小さいとき，グラフの形はどうなりますか. ☒

(3) 関数 $y=\dfrac{ax^2+bx+c}{x^2+px+q}$ のグラフの形が何種類あるかをすべて調べ，種類ごとに例を挙げなさい.

4. 規則

$$f(x)=\begin{cases} 1 & x>0\text{ のとき} \\ 0 & x=0\text{ のとき} \\ -1 & x<0\text{ のとき} \end{cases}$$

で定義される関数 $y=f(x)$ のグラフを描くと，図 9.1 となります．この関数はよく使われるので，特別な記号 $y=\operatorname{sgn} x$ で表されます（この関数を「x の符号関数」といいます．sgn は「符号」を意味するラテン語 signum からとられたものです）．関数 $y=\operatorname{sgn} x$ は，$x\neq 0$ のときには式 $\dfrac{x}{|x|}$ でも与えられます[1)].

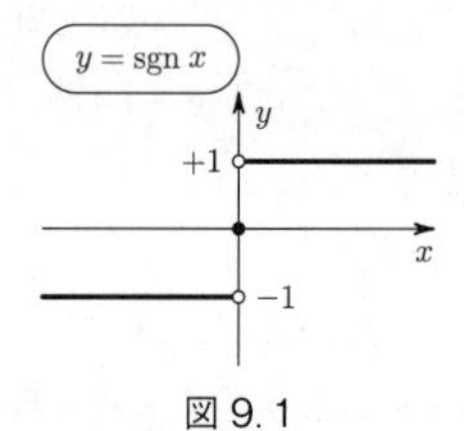

図 9.1

これを踏まえて，次の関数のグラフを描きなさい.

(a) $y=\operatorname{sgn}^2 x$　(b) $y=(x-1)\operatorname{sgn} x$

(c) $y=x^2\operatorname{sgn} x$

5. 次の方程式には解がありますか.

(a) $x^4-4x^2+3=0$　(b) $x^4+2x^2+4=0$

---

1) $x=0$ を除外するのはどうしてですか.

(c) $x^4+2x^3-25=0$

6. 次の方程式がそれぞれ何個の解をもつか，グラフの概形を描いて答えなさい．

(a) $-x^2+x-1=|x|$　(b) $\dfrac{1}{x^2-x+1}=x$

(c) $|3x^2+12x+9|+x=0$

(d) $|x-1|+|x-2|+|x+1|+|x+2|=6$

(e) $x(x+1)(x+2)=0.01$

(f) $|x+3|=|x+2|(x^2-4)$ ⊠

(g) $[x]=x$（ただし $|x|<3$）

(h) $\dfrac{1}{x}+\dfrac{1}{x+1}+\dfrac{1}{x+2}=100$

7. 次の方程式を解きなさい．

(a) $2x^2-x-1=|x|$　(b) $|2x^2-x-1|-x=0$

(c) $|x|=|x-1|+|x-2|$

8. (a) 方程式 $|1-|x||=a$ の解の個数は，a の値に応じてどう変わるか答えなさい．

(b) (a) と同じ問題を，方程式 $x^2+\dfrac{1}{x}=a$ について解きなさい[2]．

9. 次の不等式を解きなさい．

(a) $\dfrac{2-x}{x^2+6x+5}>0$　(b) $x\leqq|x^2-x|$

(c) $|x|+2|x+1|>3$

10. 関数 $x^2+\dfrac{4}{x^2}$ の最小値を求めなさい． ⊠

11. 次の関数の最小値と，そのときの x の値を求めなさい．

(a) $y=x(a-x)$　(b) $y=|x|(a-|x|)$

(c) $y=x^2(a-x^2)$

---

2) a の場合分けを起こす区切りとなる値は，グラフの概形を描いて求めなさい．

(d) $y=1-x\sqrt{2}$ (ただし $|x|\leqq\sqrt{2}$)
(e) $y=-x^2+2x-2$ (ただし $-5\leqq x\leqq 2$)
(f) $y=\dfrac{x+3}{x-1}$ (ただし $x\geqq 2$)
(g) $y=\dfrac{x^2+4}{x^2+x+1}$ ⊠

12. マッチ棒の入った6個の箱が円周の形に並べられています．箱の中には順に，22本，12本，14本，34本，10本，16本のマッチ棒が入っています．マッチ棒は隣の箱にしか移せません．できるだけ少ない本数のマッチ棒を移してすべての箱のマッチ棒の本数が同じになるようにするには，どのように移せばよいですか．⊠

13. 互いに直角に交差した2本の道路があり，それぞれの道路を1台の自動車が交差点に向かって走っています．一方の車は時速60 kmで走り，他方の車は時速120 kmで走っています．正午にはどちらの車も交差点から30 km離れたところにいました．2台の車が最も近づく時刻はいつですか．また，その時刻に2台の車はそれぞれどこにいますか．

14. 関数 $y=f(x)$ は偶関数，関数 $y=g(x)$ は奇関数であるとします．次の関数はそれぞれ偶関数であるか，それとも奇関数であるか断定できますか．

(a) $y=|g(x)|$　　(b) $y=g(|x|)$
(c) $y=f(x)\cdot g(x)$　　(d) $y=f(x)-g(|x|)$

15. 次の形式で表される偶関数と奇関数をすべて求めなさい[3)]．

---

3) ［訳注］それぞれで不要なパラメータを0にして，定義に合うようにする．巻末の「答・指示・解法」の中に訳者の答を付けておきます．

（a）$y=kx+b$　　（b）$y=\dfrac{px+q}{x+r}$　　（c）$y=\dfrac{ax^2+bx+c}{x^2+px+q}$

16. 関数 $y=x^2+x+1$ は偶関数でも奇関数でもありませんが，この関数を偶関数 $y=x^2+1$ と奇関数 $y=x$ との和で表すことは簡単にできます．⊠

（1）次の関数を偶関数と奇関数の和で表しなさい．

（a）$y=\dfrac{1}{x^2+x+1}$　　（b）$y=\dfrac{1}{x^4-x}$

（2）どんな関数も偶関数と奇関数の和で表すことができることを示しなさい．⊠

17. x 座標が異なる 2 つの点を座標平面上にとると，それらの点を通る 1 次関数 $y=kx+b$ のグラフを描くことができます．同様に，x 座標が異なる 3 つの点をとると，それらの点を通る 2 次関数 $y=ax^2+bx+c$ のグラフを描くことができます．

グラフが次の点を通るときの 2 次関数 $y=ax^2+bx+c$ を求めなさい．

（a）$(-1,0),(0,2),(1,0)$　　（b）$(1,0),(4,0),(5,8)$

（c）$(-3,-1),(1,7),(-2,7)$

（d）$(0,-3),(-5,0),(5,-6)$

（e）$(0,-2),(2,6),(-7,5)$

18. 関数 $y=x^2$ のグラフが次の関数のグラフになるためには，x 軸，y 軸の縮尺をどのように変えるとよいですか．

（a）$y=3x^2$ ⊠　　（b）$y=\dfrac{2}{3}x^2$

19.（a）相似の中心が原点であり，相似比が 2 である拡大によって，放物線 $y=x^2$ が曲線 $y=\dfrac{1}{2}x^2$ になることを示しなさい．⊠

（b）放物線 $y=x^2$ を，相似の中心を原点とし，相似比を $\dfrac{1}{2}$

として拡大しなさい．これによってどんな曲線が得られますか．

(c) 放物線 $y=\frac{1}{2}x^2$ の焦点と準線を，(a) の結果を用いて求めなさい（これらの焦点と準線の定義は 93〜95 ページにあります）．☒

(d) 関数 $y=ax^2+bx+c$ のグラフはみな相似であることを示しなさい．

20．点 $F_1(\sqrt{2}, \sqrt{2})$ と点 $F_2(-\sqrt{2}, -\sqrt{2})$ は双曲線 $y=\frac{1}{x}$ の焦点であることを示しなさい．つまり，この曲線上のどの点についても，その点と点 F_1 との距離と，その点と点 F_2 の距離との差の絶対値は一定であり，双曲線上のどの位置でも変わらないことを示しなさい[4]．☒

指示．双曲線 $y=\frac{1}{x}$ 上に任意の点 $M\left(a, \frac{1}{a}\right)$ をとります．点 M と F_1 との距離，点 M と点 F_2 との距離を a を用いて表し，これらの距離の差を計算しなさい．そして，この差は a がどんな値であっても常に等しいことを示しなさい．

21．182〜183 ページに 17 個のグラフと 17 個の式が書いてあります．どのグラフとどの式が対応しているかを答えなさい．グラフの中には，これまでの練習問題の答であるものもあります（ただし，座標軸の縮尺が同じではないものもあるので注意）．

22．(1) グラフを利用して，次の 3 次方程式の解の個数を答えなさい．

(a) $0.01x^3=x^2-1$　　(b) $0.001x^3=x^2-3x+2$

(2) これらの方程式の解を求めなさい（近似値でよい）．

23．(1) 多項式関数 $y=x^4-\frac{5}{2}x^2+\frac{9}{16}$ のグラフは，$y=$

---

4) 座標軸の縮尺は同じであるとします．

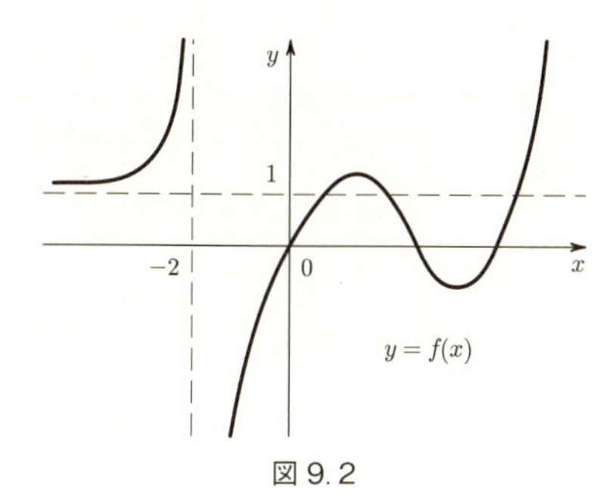

図 9.2

$x^4-2x^3-x^2+2x$ のグラフを x 軸と平行に移動させて得られることを示した図が 59 ページにあります．このときの移動の距離を求めなさい．

(2) 次の 4 次方程式を解きなさい．☒

(a) $x^4+4x^3+3x^2-2x-6=0$

(b) $x^4-8x^3+14x^2-8x-15=0$

(3) 多項式関数 $y=x^4-3x^3-4x^2+12x-25$ のグラフは対称軸をもちますか．また，この多項式は根をもちますか．

24. 関数 $y=f(x)$ のグラフが図 9.2 に描かれています．これをもとに，次の関数のグラフの概形を描きなさい．

(a) $y=f(x)-2$　　(b) $y=-3f(x)$

(c) $y=f(x+2)$　　(d) $y=|f(x)|$

(e) $y=f(-x)$　　(f) $y=f(|x|)$

(g) $y=\dfrac{1}{f(x)}$　　(h) $y=(f(x))^2$

(i) $y=x+f(x)$　　(j) $y=\dfrac{f(x)}{x}$

25. 一辺の長さ a の正方形が平面上に描かれています（図

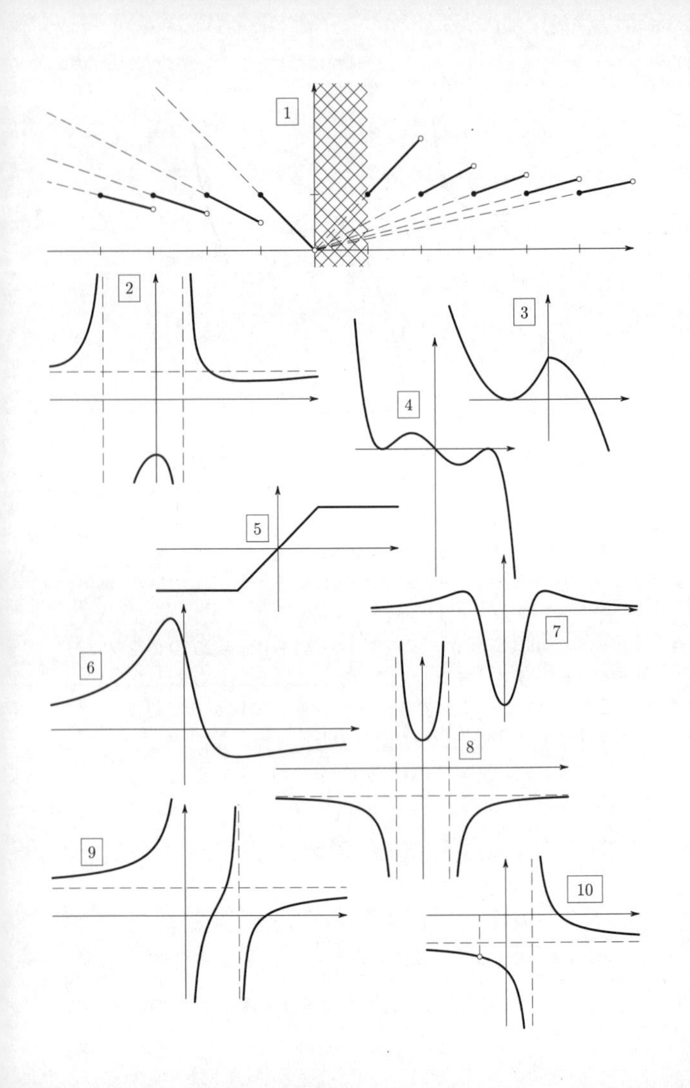
1
2
3
4
5
6
7
8
9
10

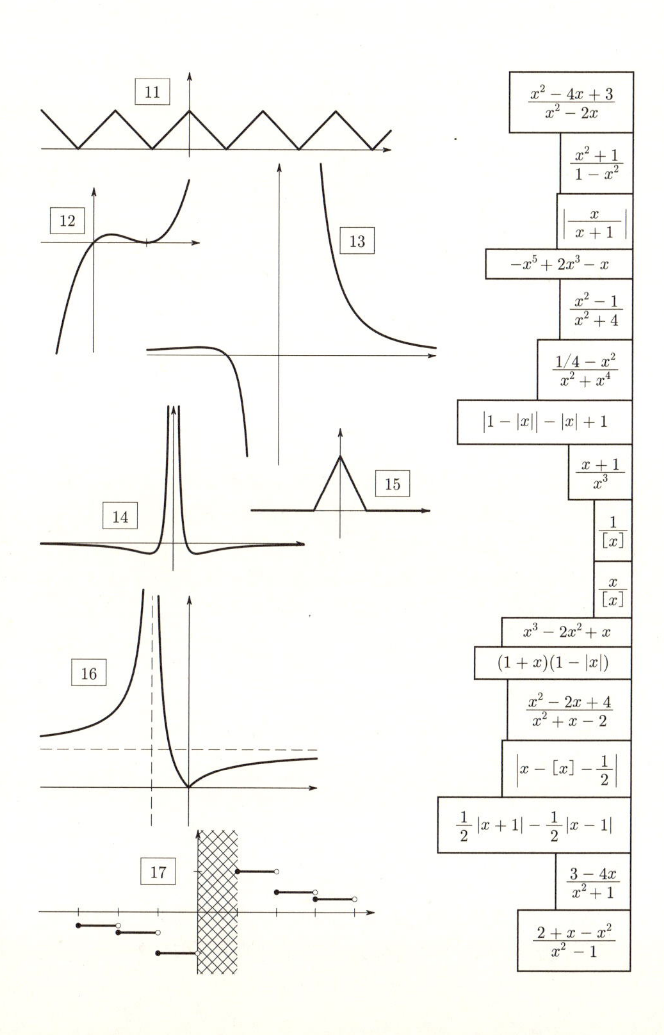

11
12
13
14
15
16
17
$\frac{x^2-4x+3}{x^2-2x}$
$\frac{x^2+1}{1-x^2}$
$\left|\frac{x}{x+1}\right|$
$-x^5+2x^3-x$
$\frac{x^2-1}{x^2+4}$
$\frac{1/4-x^2}{x^2+x^4}$
$\big|1-|x|\big|-|x|+1$
$\frac{x+1}{x^3}$
$\frac{1}{[x]}$
$\frac{x}{[x]}$
x^3-2x^2+x
$(1+x)(1-|x|)$
$\frac{x^2-2x+4}{x^2+x-2}$
$\left|x-[x]-\frac{1}{2}\right|$
$\frac{1}{2}\,|x+1|-\frac{1}{2}\,|x-1|$
$\frac{3-4x}{x^2+1}$
$\frac{2+x-x^2}{x^2-1}$

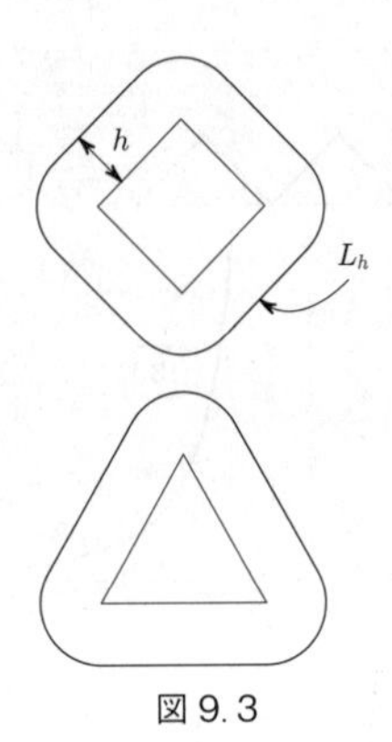

図 9.3

9.3)．曲線 L_h はこの正方形からの最短距離が h である点の軌跡です．曲線 L_h で囲まれる図形の面積を $S(h)$ で表します．次の問に答えなさい．☒

(a) $S(h)$ を h の関数として表しなさい．

(b) 問題の正方形を，辺の長さが a と b の長方形に変えて，(a) に答えなさい．

(c) 問題の正方形を，一辺の長さが a の正三角形に変えて，(a) に答えなさい．

(d) 問題の正方形を，辺の長さが a, b, c の三角形に変えて，(a) に答えなさい．

(e) 問題の正方形を，半径 r の円に変えて (a) に答えなさい．

(f) $S(h)$ の式を得る一般的な規則が認められますか．どんな凸図形についても当てはまる一般式を書きなさい．

26. 自動車が 3 秒間の間，加速度 $6\,\mathrm{m/s^2}$ で疾走し，最後の速度を保って走行しています．この自動車の運動をグラフで示

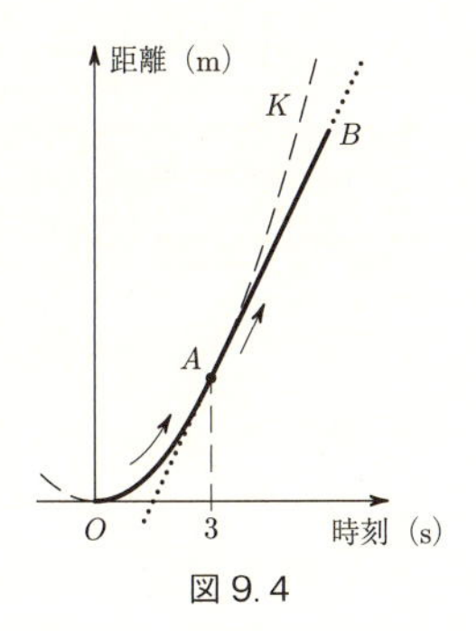

図 9.4

すと図 9.4 の実線のようになります．次の問に答えなさい．

（a）直線 AB（等速度走行の区域）と放物線 OAK（等加速度走行の区域）の方程式を書きなさい．

（b）直線 AB は放物線 OAK の点 A における接線になっていることを示しなさい．

答・指示・解法

第1章

1-4. (b) 答は182〜183ページに描かれているグラフのどれかである.

1-7. (c) 関数 $y=[2x]$ のグラフ(図1)を参照.

第3章

3-3. (c) **答.** 方程式 $x^4+4x^3+x^2-6x=0$ の解は, $x=-3,-2,0,1$ の4個.

3-9. **答.** $y=x+|x|$.

3-10. (a) **指示.** 係数 a,b,c の値を, 関数 $y=ax+b+c|x|$ のグラフが点 $(-2,0),(0,1),(1,3)$ を通るように定める.

(b) 解法は(a)と同じ. **答.** 図3.18と同じグラフが182ページにも描いてある. 求める式は183ページに書かれたもののどれかである.

3-11. 折れ線を式で表さなくても答えられる.「折れ点」での関数の値を計算するだけでよい.

注意. この関数は, 折れ線のある枝のすべての点で最小値をとる.

3-12. **答.** 関数 $y=x-[x]$ のグラフは図2のとおり.

3-13. (a) **解法.** 7個の箱のマッチ棒を合わせると105本になる. したがって, どの箱にも $105\div7=15$ 本が入っているようにしなければならない.

問題に答えるには, 箱どうしを結ぶ「橋」を通して行う移動を繰り返さなければならない. たとえば, 箱Bと箱Cとを結ぶ「橋Ⅱ」(図3参照)よりも左側にある2つの箱には

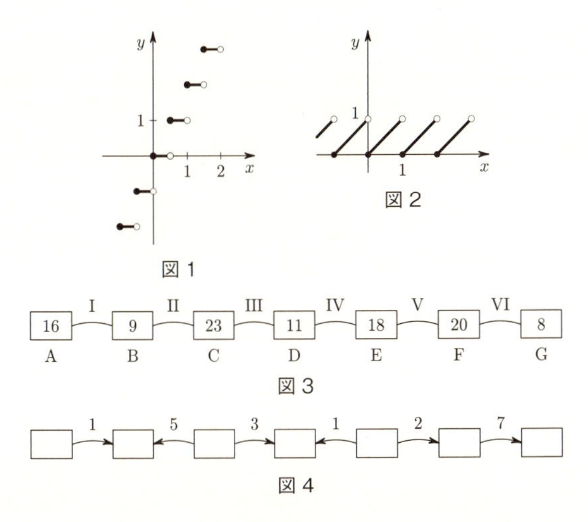

図 1

図 2

図 3

図 4

$16+9=25$ 本のマッチ棒があるが，この 2 つの箱には合わせて $15\times 2=30$ 本が入っているようにしなければならない．したがって，この橋 II を通して移すべき最小の本数は $30-25=5$ 本となる．「橋 IV」より右側の箱には $18+20+8=46$ 本あるが，これを $15\times 3=45$ 本にしないといけない．したがって余分な 1 本を移すことになる．他の橋についても同様に考えなさい．正しく計算できていれば，マッチの本数をすべて同じにするには，19 本を移さなければならないことになる．

次に，この結果が実際に実現可能であることを示さなければならない．そのためには，マッチ棒をどんな順序で，どの方向に移すかという「移動計画」をはっきりさせなければならない．これについては，図 4 をもとに読者のみなさん自身で考えてみよう．

答．マッチ棒の本数を同じにするには，全部で 19 本を移動すれば十分であり，これより少ない本数では不可能である．

(b) 問題 (a) と同様，どの箱の中にもマッチ棒が同じ本数だけ入っているようにしなければならない．その本数は $(19+9+26+8+18+11+14)\div 7=105\div 7=15$ 本である．ところがマッチ箱は円周の形で並んでいて，状況は原理的に (a) と異なるため，先ほどと同じ考え方は通用しない[6]．

やるべきことは (a) よりも複雑である．そこで，ある移動を行った結果問題は解決し，どの箱もマッチ棒が 15 本になったとする．

最初の箱から 2 番目の箱に移されたはずの本数を文字 x で表す（当然，2 番目の箱から最初の箱に移されることもあり得る．そのときには x は負になる）．最初の箱から x 本を第 2 の箱に移すと，2 番目の箱のマッチ棒は $x+9$ 本になる．

すべての移動を終えた後では，2 番目の箱には 15 本入っていなければならないので，2 番目の箱から 3 番目の箱へは $x+9-15=x-6$ 本を移動させたことになる．

同じように考えて，3 番目の箱から 4 番目の箱へは $x+5$ 本移され，4 番目の箱から 5 番目の箱へは $x-2$ 本，5 番目の箱から 6 番目の箱へは $x+1$ 本，6 番目の箱から 7 番目の箱へは $x-3$ 本，最後に 7 番目の箱から最初の箱へは $x-4$ 本が移されたことになる（図 5）．

こうして移動されたマッチ棒の総本数を S で表すと

$$S=|x|+|x-6|+|x+5|+|x-2|+|x+1|+|x-3|+|x-4|$$

となる．絶対値記号がついているのは，ここでは移動本数だけが問題になっていて，移動の向きは考える必要はまだないからである．

---

6) このことは，1 箇所切断するだけでは円周を 2 つに分けることができないことに関係する．たとえばドーナツやベーグルを 2 つに分けるには，2 箇所で切らなければならない．

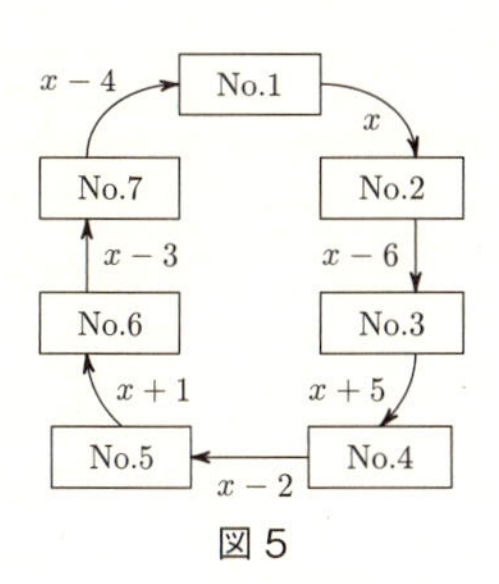

図 5

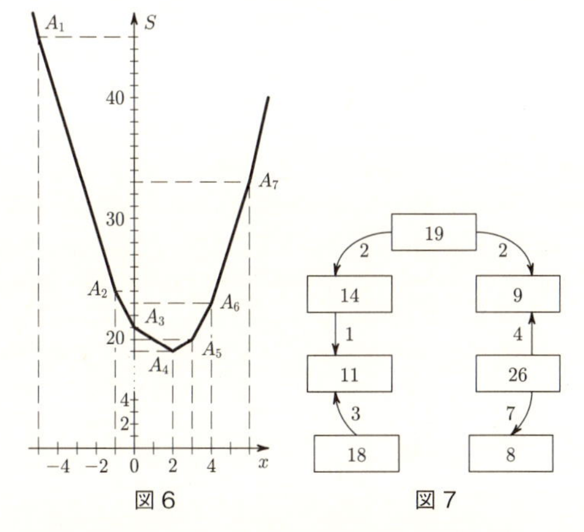

図 6　　図 7

S の値が最小になる x の値を求めなければならない．関数 $S=S(x)$ のグラフを描くと，折れ線になる（図 6）．

このグラフの最も低い点は頂点 A_4 であり，関数 $S=S(x)$ は $x=2$ で最小値をとる．この最小値は容易に計算できて

$$S_{\min}=S(2)=19$$

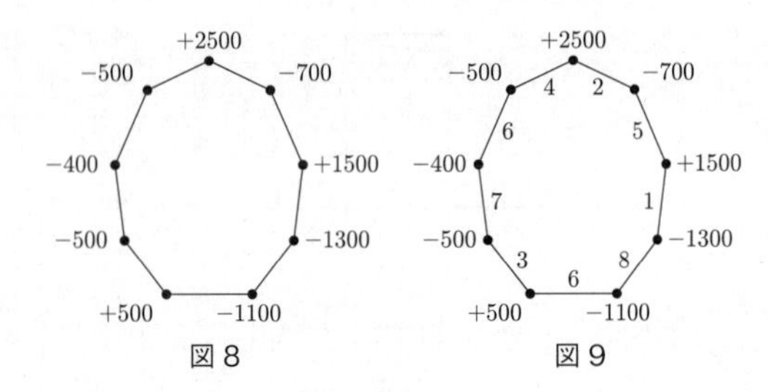

図 8　　図 9

である．実際にこの本数で移動を行えることは図 7 から確かめられる．この図には，橋ごとにどれだけの本数をどの方向に移すべきかが示されている．

答．マッチ棒の本数を同じにするには，全部で 19 本を移動すれば十分であり，これより少ない本数では不可能である．

ここで，この問題に関連する課題を出そう．

課題 1．ある鉄道環状線には駅が等間隔にある．この路線の駅には石炭を貯蔵している駅がいくつかあり，また石炭を必要としている駅もあるが，必要な量はすべてこの路線上の駅に貯蔵されている総量でまかなわなければならない．図 8 に石炭の貯蔵量（プラス記号），必要量（マイナス記号）を表してある．前の問題 3-13 の解き方によって，最も経済的な輸送計画を作りなさい．

課題 2．上の課題 1 の環状線における駅の順番，貯蔵量，必要量は同じだが，駅の間隔が駅間で違っている（図 9）．このとき，最も経済的な輸送計画を立てなさい．

第 4 章

4-7．答．放物線 $y = ax^2 + bx + c$ は放物線 $y = ax^2$ を x 軸と平行に $-\dfrac{b}{2a}$，y 軸と平行に $\dfrac{4ac - b^2}{4a}$ だけ移動させて得られ

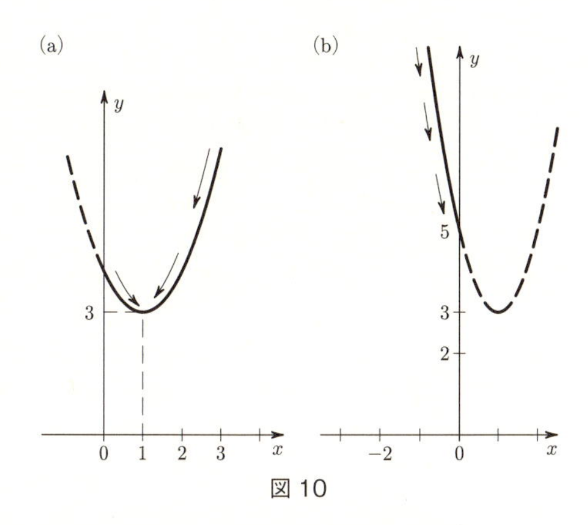

図 10

る.

4-8. 図 10a からわかるように，x が $x=0$ から $x=5$ まで変わるとき，関数 $y=2x^2-4x+5$ ははじめは（$0 \leqq x \leqq 1$ で）減少し，それから増大する．したがって関数 $y=2x^2-4x+5$ の値は，区間（a）では $x=1$ のとき最小になる．

x が $x=-5$ から $x=0$ まで変わるとき，関数 $y=2x^2-4x+5$ の値は減少し続ける（図 10b）ので，区間（b）では $x=0$ のとき最小になる．

答. 関数 $y=2x^2-4x+5$ の区間 $0 \leqq x \leqq 5$ での最小値は 3 であり，区間 $-5 \leqq x \leqq 0$ での最小値は 5 である．

4-18. 放物線 $y=x^2+2x+2$ が $y=x^2$ を軸と平行に移動させて得られることを用いれば，簡単に解ける．

第 5 章

5-2. (f) 関数 $y=x^2-2x^3$ は偶関数でも奇関数でもない．そのような関数のグラフには対称の中心も対称軸もないことが

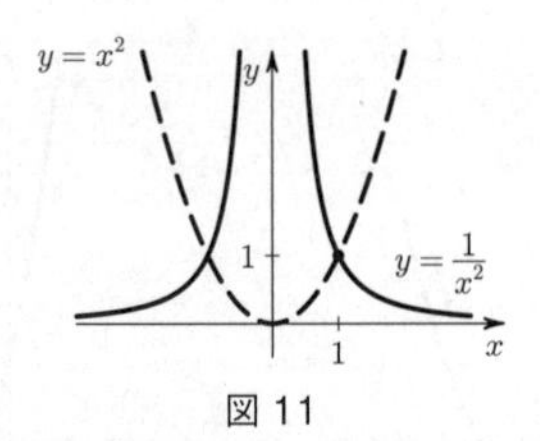

図 11

あるが，この関数はそうではない．第 5 章 § 4 を参照．

5-5. 答．対称軸をもたない．これを証明するのは容易ではないので，ここでは証明はしない．だだ，x 軸と y 軸がこの曲線の漸近線であるので，対称軸となり得るのは直線 $y=x$ だけである．この直線が対称軸でないことは容易に確かめられる．

5-10. 答．図 11 参照．

第 6 章

6-15. 答．接線の方程式は $y=3x-1$．

6-16. 指示．連立方程式

$$\begin{cases} y = x+a \\ y = -x^2+1 \end{cases}$$

が重根をもつようにする．

第 7 章

7-11. 4 次多項式 $ax^4+bx^3+cx^2+dx+e$ が複 2 次式であるか，または変数 x を変数 $x+s$ に変えることで複 2 次式となるとき，関数 $y=ax^4+bx^3+cx^2+dx+e$ のグラフは垂直な対称軸をもつ[7]．このような s が存在するのは条件 $b^3 = 4abc - 8a^2d$ が満たされるときであり，そのときに限る．

7-13. (2) (b) 答．求める座標は $(-1, -2)$.

第8章

8-4. **訳注.** 売ろうとしている商品の重さを $2c$ とすると，2回の計量に使う「おもり」はいずれも c でなければならない．それに対して，実際の商品の重さが a と b であったとすると，釣り合いの条件式から $ak = cl, ck = bl$ が成り立ち，ここから $a = \dfrac{l}{k}c, b = \dfrac{k}{l}c$ となる（k, l はともに正）．両辺を足し合わせて

$$a + b = \left(\frac{l}{k} + \frac{k}{l}\right)c$$

となるが，170 ページの (1) より

$$\frac{l}{k} + \frac{k}{l} \geqq 2$$

が成り立つことから，

$$a + b = \left(\frac{l}{k} + \frac{k}{l}\right)c \geqq 2c$$

となる．a と b の和が $2c$ より大きくなるため，商人が損をする．

補充問題

1. (h) (o)．答は 182〜183 ページの図の中にある．

3. (2) 数値例を挙げる．分子の根を $-5, 0$，分母の根を $2, 4$

---

7) ［訳注］複 2 次式については本文 149 ページを参照．ここではもとの式の x に $x + s$ を代入して，複 2 次式になるように係数についての等式条件を導く．

とすると，考える関数は $y=\dfrac{ax(x+5)}{(x-2)(x-4)}$ となる．

次に a に具体的な値として，たとえば $a=2$ を入れてみる．

関数 $y=\dfrac{2x(x+5)}{(x-2)(x-4)}$ は $x=2$ と $x=4$ では定義されない．x がこれらの値に近づくと，分母はいくらでも小さくなって0に近づき，このとき関数の絶対値は限りなく大きくなるので，直線 $x=2$ と $x=4$ が曲線の垂直な漸近線である．

$x=0$ と $x=-5$ のとき関数 y の値は0である．x 軸上にグラフ上の点 $(0,0)$ と $(-5,0)$ をとる．

変数 x についての4つの「特異値」$x=-5,0,2,4$ を境として，x 軸を5つの部分に分ける．この境界を越えるとき，（0になるか，あるいは「無限に遠くへ向かう」かして）関数は符号が変わる（図12）．

次に，変数 x の値が限りなく大きくなったときの関数の振る舞いについて調べる．x に大きな数値を代入してみる（たとえば $x=10000$ や $x=1000000$ などとしてみる）．$2x^2$ は $10x$ よりも遙かに大きく，x^2 は $-6x+8$ よりも遙かに大きいので，分数

$$\frac{2x(x+5)}{(x-2)(x-4)}=\frac{2x^2+10x}{x^2-6x+8}$$

は，次数が最も大きい項の比にほぼ等しく

$$\frac{2x^2+10x}{x^2-6x+8}\fallingdotseq\frac{2x^2}{x^2}=2$$

となり，$|x|$ が大きくなればなるほど2に近づく．つまり，グラフは原点から遠ざかるにしたがって水平線 $y=2$ に近づく．

グラフ全体の形は図13となる．分母の2つの根が分子の根よりも大きい場合は，いずれのグラフもこの例とほぼ同じになる．

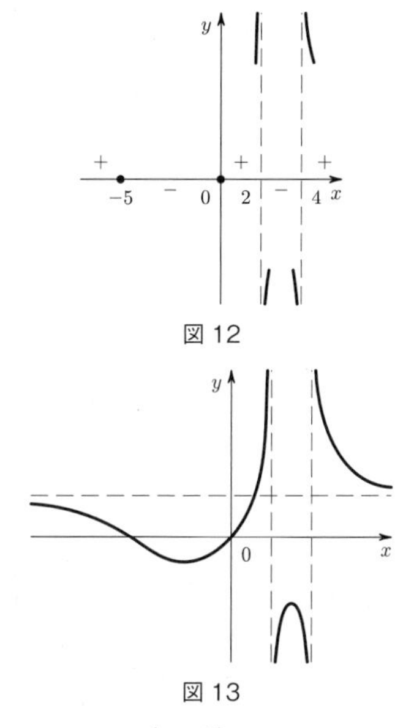

図 12

図 13

6. (f) **指示**. 関数 $y = \dfrac{|x+3|}{|x+2|}$ のグラフと関数 $y = x^2 - 4$ のグラフを描きなさい.

10. 練習問題 8-2 を参考にすること.

11. (g) 第 8 章 § 3 を参照.

12. 練習問題 3-13 (b) の解答を参照.

答. 24 本.

注意. この問題での最も「経済的」な「移動計画」を実現する方法は複数ある.

15. **訳注**. 求める関数 $y = f(x)$ を表にすると次のようになる.

	偶関数	奇関数
(a)	b $(k=0)$	kx $(b=0)$
(b)	p $(q=0, r=0)$	$\dfrac{q}{x}$ $(p=0, r=0)$
(c)	$\dfrac{ax^2+c}{x^2+q}$ $(b=0, p=0)$	$\dfrac{bx}{x^2+q}$ $(p=0, q=0, c=0)$

16. 関数を具体的に与えるよりも，一般的な形で解くほうがやさしいことは，数学ではよくある．ここではじめに問題(2)を解いてから，問題(1)(a)と(1)(b)をその特殊なケースとして解く．

ある関数 $y=f(x)$ が与えられていて，問題は解けているとする．つまり，$y=f(x)$ が偶関数 $y=g(x)$ と奇関数 $y=h(x)$ の和であって

$$f(x)=g(x)+h(x) \tag{1}$$

と表されるとする．

この等式は x がどんな値であっても成り立つので，この式での x の代わりに $-x$ としてよい．すると

$$f(-x)=g(-x)+h(-x)$$

となる．

$y=g(x)$ は偶関数で $y=h(x)$ は奇関数であるから，$g(-x)=g(x)$，$h(-x)=-h(x)$ である．これらを用いると

$$f(-x)=g(x)-h(x) \tag{2}$$

となる．

(1)と(2)を加えて，

$$f(x)+f(-x)=2g(x)$$

また (1) から (2) を引いて,

$$f(x)-f(-x)=2h(x)$$

を得る. これらを加え, (1) より関数 $y=f(x)$ の偶関数・奇関数展開が得られる.

$$f(x)=\frac{f(x)+f(-x)}{2}+\frac{f(x)-f(-x)}{2} \tag{3}$$

この結果の形式的証明はもっと簡単である. いきなり展開式 (3) を書き, この式がすべての x について成り立ち (つまり x についての恒等式である), そして右辺の第1項が偶関数, 第2項が奇関数であることを確認しなさい.

問題 (1)(a) と (1)(b) の解は式 (3) からすぐに得られる.

(a) $\dfrac{1}{x^2+x+1}=\dfrac{x^2+1}{x^4+x^2+1}-\dfrac{x}{x^4+x^2+1}$

(b) $\dfrac{1}{x^4-x}=\dfrac{x^2}{x^6-1}-\dfrac{1}{x^7-x}$

注意. 関数 $y=f(x)$ が x のある値で定義されていないなら, 関数 $y=g(x)$, 関数 $y=h(x)$ のどちらにも定義されない x の値がある. このとき, 関数 $y=f(x)$ が x のある値で定義されているとしても, 関数 $y=g(x)$ や関数 $y=h(x)$ が定義されないこともあり得る.

18. (a) **指示**. 直線 $y=x$ を引き, この直線と関数 $y=3x^2$ のグラフとの交点の座標を求めなさい. 交点の座標がわかれば, 座標軸の単位は簡単に決められる.

19. (a) 与えられた相似変換では, 座標原点から放物線上のどの点も, その点までの距離は2倍になる. $M(a, a^2)$ を放物線上のある点とする. 点 M を通る半直線を原点から引き, その上に OM の2倍の距離にある線分 OM' をとる. 点 M' の座標は $(2a, 2a^2)$ である. この点が放物線 $y=\dfrac{1}{2}x^2$ の上にあることは, 代入することで次のように確かめられる.

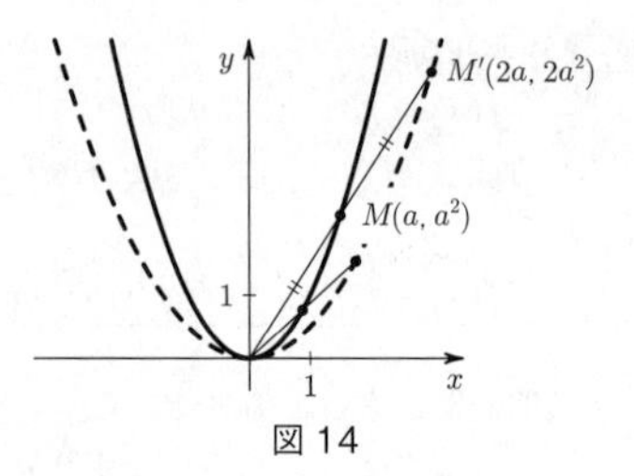

図 14

$$2a^2 = \frac{1}{2}(2a)^2 = \frac{1}{2}4a^2 = 2a^2$$

つまり，放物線 $y=x^2$ 上の点 $M(a,\ a^2)$ は与えられた相似変換によって放物線 $y=\dfrac{1}{2}x^2$ 上の点 $M'(2a,\ 2a^2)$ に移る．

19.（c）放物線 $y=\dfrac{1}{2}x^2$ の焦点は点 $\left(0,\ \dfrac{1}{2}\right)$ であり，その準線は直線 $y=-\dfrac{1}{2}$ である．

20. 最初に $a>0$ として，双曲線の右の枝を考える．点 $M\left(a,\ \dfrac{1}{a}\right)$ から焦点 $F_2(-\sqrt{2},\ -\sqrt{2})$ までの距離 r_2 は次の式で与えられる．

$$\begin{aligned} r_2^2 &= (a+\sqrt{2})^2+\left(\frac{1}{a}+\sqrt{2}\right)^2 \\ &= a^2+\left(\frac{1}{a}\right)^2+2\sqrt{2}\left(a+\frac{1}{a}\right)+4 \\ &= \left(a^2+\left(\frac{1}{a}\right)^2+2\right)+2\sqrt{2}\left(a+\frac{1}{a}\right)+2 \end{aligned}$$

ここで，$a^2+\left(\dfrac{1}{a}\right)^2+2=\left(a+\dfrac{1}{a}\right)^2$ であることから $a+\dfrac{1}{a}=b$ と表して

$$r_2^2 = b^2+2\sqrt{2}\cdot b+2 = (b+\sqrt{2})^2$$

となるが，$b>0, r_2>0$ だから $r_2=-(b+\sqrt{2})$ は不適で

$$r_2=b+\sqrt{2}$$

を得る．点 $M\left(a, \dfrac{1}{a}\right)$ から焦点 $F_1(\sqrt{2}, \sqrt{2})$ までの距離 r_1 についても同様に，$r_1^2=b^2-2\sqrt{2}\cdot b+2=(b-\sqrt{2})^2$ から $r_1=b-\sqrt{2}$ が得られる（$b=a+\dfrac{1}{a}\geqq 2>\sqrt{2}$ だから $r_1=-(b-\sqrt{2})$ は不適）．

こうして，差 $|r_1-r_2|=2\sqrt{2}$ は右の枝のすべての点について同じであることになる．双曲線の対称性から，左の枝のすべての点についても $|r_1-r_2|=2\sqrt{2}$ であることになる．

このようにして，$|r_1-r_2|$ は双曲線のすべての点について一定であることが証明された．

23. (2) **指示**．多項式関数のグラフを x 軸と平行に移動させて，ある複 2 次多項式のグラフになるようにしなさい．

25. どの図形についても答は同じ式 $S(h)=S_0+Ph+\pi h^2$ として得られる．ここで，$S(h)$ は得られる図形の面積であり，S_0 はもとの図形の面積，P はもとの図形の周の長さ，h はつけ加えられる「帯」の幅である．

この式が凸でない図形についても当てはまるかどうか考えてみなさい．

あとがき

みなさんと一緒に，たくさんのグラフを調べてきました．また，みなさん自身で問題を解くようにも勧めてきました．そして今，「関数のグラフを正しく描くとはどういうことか」という問を立て，それに答えることができるようになりました．

グラフについて「はじめに」で前もって述べた私たちの考えがどのようなものだったかを思い出してください．グラフの主要な役割は，関数の特徴を映し出し，その主な質的特徴が目に見えるように描き出すことでした．この観点からは，そうした質的特徴が反映されていない限り，グラフであるとは言えません．量的な不都合があることはまだましです．

例を挙げましょう．図1のグラフは，点を結ぶ方法で描いた関数 $y=x^3$ のグラフの概形です．このグラフは正しく描かれていると言えるでしょうか．もちろん，「ノー」です．関数 $y=x^3$ の重要な性質がこのグラフには現れていないからです．x の値が0に近いところでは，この関数はどんな1次関数 $y=kx$（さらには，どんな2次関数 $y=ax^2$）よりも急速に0に近づきます．したがって，

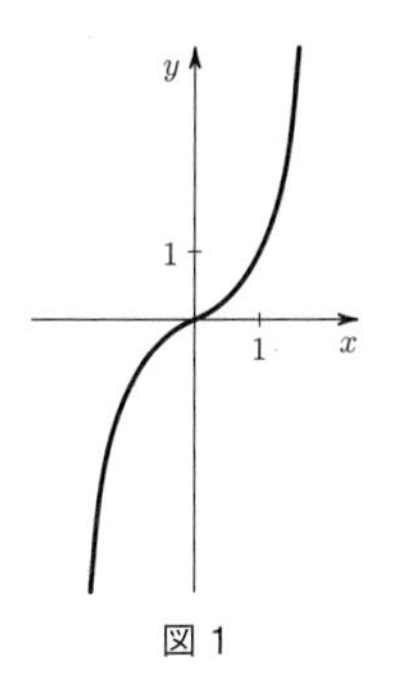

図1

関数 $y=x^3$ のグラフは $x=0$ で x 軸に**接する**のであって，何らかの角度をもって交わるのではありません．この図では，曲線は x 軸とある角度で交わっているので，大きな誤りを犯していると言わざるをえません．

ほかの例も見てみましょう．関数 $y=2x^4-x^2$ は，$x=0$ の近くで負の値をとり，2つの点で最小値をもちます．ところが，点を結ぶ方法でこの関数のグラフを描こうとすると，図2のように間違えたものを描いてしまいがちです．それに対して，図3は関数の特徴を明瞭に表そうとして，「へこみ」を実際よりも深めに描いています．量的に正確な情報を与えてくれる描き方ではないものの，このような不正確さは許されます．

数式を少し変えて問題を考え直してみましょう．関数 $y=|2x^4-x^2|$ のグラフを描くことにします．この関数のグラフは関数 $y=2x^4-x^2$ のグラフをもとにして簡単に得られることはすぐにわかります（図4）．正しいグラフ

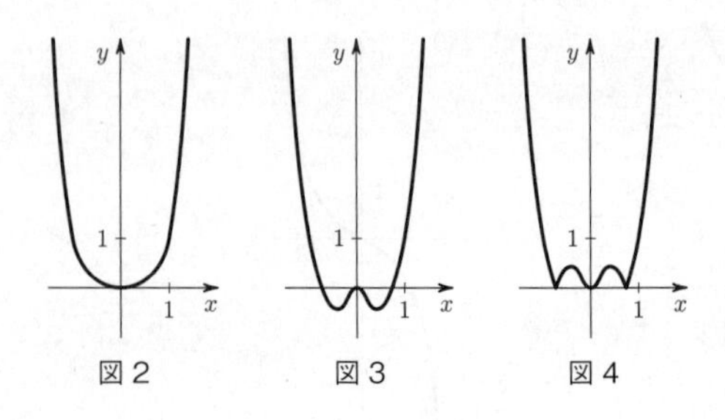

図 2　　図 3　　図 4

は x 軸に接していて，$x=\pm\frac{1}{\sqrt{2}}$ で「尖って」いますが，もしグラフに尖っているという質的特徴が描かれていなければ，そのグラフには大きな誤りがあると言うべきです．

この小さな本では，x 軸全体で定義される関数しか扱いませんでした．例外は，いくつかの点で定義されない関数，すなわち分母がいくつかの点で 0 になる有理関数でした．これらの除外される点の近くでのグラフの描き方は詳しく述べましたので（たとえば 35〜38 ページ参照），ここでは繰り返しません．ただ，分母が 0 になる点の周辺での振る舞いを正しく反映していないのであれば，有理関数のグラフとは言えないことをもう一度強調しておきます．

x 軸の半分だけで定義される関数の最も単純な例として，式 $y=\sqrt{x}$ で与えられる関数があります．すぐに気づくように，そのグラフは放物線の「半分」の形をしたものです（図 5）．点を結ぶ方法でグラフを描いた結果，図 6 のようになったとすればそれは全くの間違いです．「関

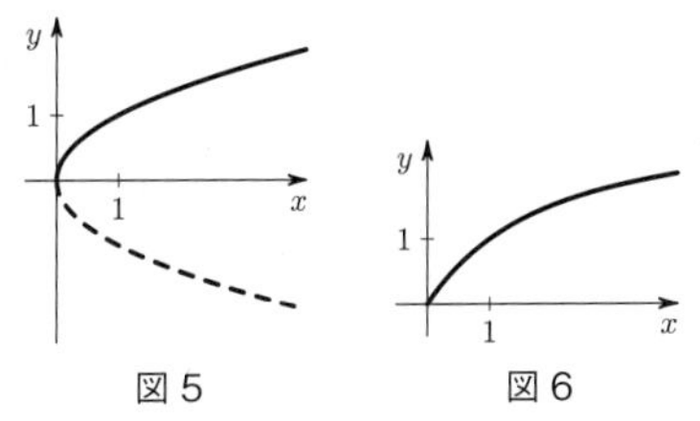

図5　図6

数 $y=\sqrt{x}$ のグラフは $x=0$ で y 軸に接する」という重要なグラフの特性が反映されていないからです.

例を挙げるのはここまでにしておきましょう. 最後に, この本から役に立つことや面白いことを学べただけでなく, グラフの多様さと美しさを楽しんでいただけたことを願っています.

訳者あとがき

この本について

時代は今や「AI——人工知能の時代」です．私たちに求められている「力」は「人間ならではの，意味を理解して解く力」です．

本書はもともと通信教育用に書かれ，その後「物理数学教室文庫」シリーズの一冊として刊行されたものです．このシリーズの責任者であり，本書の著者のひとりでもあるゲルファントは，本書旧版の「まえがき」で次のように述べています[1]．

> 数学を学ぶのに，コンピュータをすっかり頼りにしようなどとは決して考えないでください．コンピュータは，問題を解く手助けにはなりますが，あなた自身のように考えたり理解したりすることは，今も，そしてこれからも，できません．

1）「物理数学教室文庫」シリーズについては，本書 11 ページにも述べられています．引用は原書第 2 版（1966 年）の「まえがき」からです．

こうして，人間の「意味を理解して解く力」の養成を目指したこの本は，数学をいま学ぶ上での絶好の一冊だといえます．

「読者のみなさんへ」で述べられているように，本書は今から40年以上前にロシア語で書かれた本を翻訳したものです．すでに同じく通信教育用の『座標法』が「ちくま学芸文庫」に翻訳されており，本書『関数とグラフ』はそれに続く2冊目です．翻訳には2010年に刊行されたロシア語版第8版を使用していますが（ただし序文は第6版のままです），原書シリーズの第2版は英語に翻訳され，この英語訳からの日本語訳に『関数とグラフ（ゲルファント先生の学校に行かずにわかる数学1)』（岩波書店，1999年）があります．このたびの翻訳に際しては，この岩波版も参考にさせていただきました．

この本には，数式の他に多くの文章とたくさんの図があることが特徴です．

文章と数式は1次元的・線状的に書いたり読んだりするものですが，図は2次元的・平面的に描かれていて，読み取るときには，視線の運動の軌跡である仮想の曲線にそって行われます．完成した図を見るときに視線をどのように運べばよいかは，図そのものには明示されていません．どのような順で描かれたか，どのような手順で描けばよいかは，完成した図からはわかりません．

ところで，「関数のグラフを描く」とは数式や文章で定められた関数を図に移すことです．数学では「関数のグラフ」は点の集合（点が無限個集まったもの）と定義され（本書18ページ），グラフを定義の言葉どおりに描くこと，すなわち無数の点をとることは不可能です（同26ページ）．そこで，「関数のグラフを正しく描く」ためには（同199ページ），いろいろな考察を行い，工夫をしなければなりません．

この本では，グラフが完成するまでの過程が，読者の目の前の黒板に描かれていくのを眺めているかのように，多くの素晴らしい図を使って明らかにされています．

日本の高等学校では，微分を使ってグラフの概形を描くことを数学IIと数学IIIで学びます．その基礎には「極限」の考えがあり，関数の増減，最大・最小，接線に関係します．この本ではそれらのことには表向き触れてはいませんが，それらに相当することが，初等的な別の視点で考察されています．これから微分を勉強するという読者は，本書で学んだことを後から想起することもあるでしょう．つまりは，この本は，中学生にも読むことができ，形の整った「答案」の書き方そのものよりは，その前提となる数学的思考，「数学すること」を体験できるように書かれていると言えます．また，例題の解説を読み，精選された多くの練習問題を解くことで，自ら学ぶ習慣を身につけることができるはずです．

本書の読み方

ゲルファントはこのシリーズの本の読み方について，次のように述べています.

> これらの本は速読するものではありません. 注意深く学ぶように各章が書かれているからです. まず章全体をざっと読んで, 興味を引かれた話題を見つけるとよいでしょう. 練習問題は全部解こうなどと考えず, 好きなものを選べば十分です. もし選んだ問題があなたにとって難しいようなら, 前に戻って, 難しいと感じた理由を理解するようにしなさい.

しかし, 本書『関数とグラフ』は, どの章も書かれている順に読むのがよいでしょう.

原著者の紹介

前書『座標法』と共通する共著者2名については, 同書の「訳者あとがき」を参照してください.

E. E. シノール (1928-2014) モスクワ生まれ. 学生の頃からゲルファントのゼミナールに参加していたほか, 兵役, 教員の経歴があります. 1956年から科学アカデミー応用数学研究所で, 1974年からは同アカデミーの「生物学の数学問題研究所」で教員, 研究員, 管理者として勤務しました. 「コンピュータによる分子運動のシミュレーション」の研究などがあります.

関連する日本語書籍

前に述べた「物理数学教室文庫」シリーズの本で，『座標法』『関数とグラフ』に続いて読まれるとよいものに

V. グーテンマッヘル，N. B. ヴァシーリエフ（蟹江幸博・佐波学訳）『直線と曲線ハンディブック』，共立出版，2006

があります．同書のロシア語原書『直線と曲線』は初版が1978年に出版されており，最新版は第6版です．この共立版はロシア語版（1980）の英語訳（Birkhäuser，2004）からの翻訳です．

翻訳出版に際して

翻訳に際しては，用語・記号等を日本の慣習に合わせました．また，記述の整合性を考慮して，記述の一部を書き換えたり，順序を変更したり，ミスを訂正したりするなど，そのつど断ることなく行いました．

ちくま学芸文庫編集部の海老原勇氏に，前書同様，出版のどの段階においても大変お世話になりました．末筆となりますが，お礼を申し上げます．

この本が，お役に立ちますことを願います．

2016年12月25日

坂本　實

索　引

ア　行

カ　行

サ　行

タ　行

ナ・ハ行

ヤ・ラ行

本書は「ちくま学芸文庫」のために新たに訳出されたものである。

角の三等分　矢野健太郎　一松信解説
コンパスと定規だけで角の三等分は「不可能」！　なぜ？　古代ギリシアの作図問題の核心を平明懇切に解説し「ガロア理論入門」の高みへと誘う。

エレガントな解答　矢野健太郎
ファン参加型のコラムはどのように誕生したか。師アインシュタインと相対性理論、パスカルの定理などやさしい数学入門エッセイ。（一松信）

思想の中の数学的構造　山下正男
レヴィ＝ストロースと群論？　ニーチェやオルテガの遠近法主義、ヘーゲルと解析学、孟子と関数概念……。数学的アプローチによる比較思想史。

熱学思想の史的展開1　山本義隆
熱の正体は？　その物理的特質とは？『磁力と重力の発見』の著者による壮大な科学史。熱力学入門書としての評価も高い。全面改稿。

熱学思想の史的展開2　山本義隆
熱力学はカルノーの一篇の論文に始まり骨格が完成した。熱素説に立ちつつも、時代に半世紀も先行していた。理論のヒントは水車だったのか？

熱学思想の史的展開3　山本義隆
隠された因子、エントロピーがついにその姿を現わす。そして重要な概念が加速的に連結し熱力学が体系化されていく。格好の入門篇。全3巻完結。

数学がわかるということ　山口昌哉
非線形数学の第一線で活躍した著者が〈数学とは〉をしみじみと、〈私の数学〉を楽しげに語る異色の数学入門書。（野﨑昭弘）

カオスとフラクタル　山口昌哉
ブラジルで蝶が羽ばたけば、テキサスで竜巻が起こる？　カオスやフラクタルの非線形数学の不思議をさぐる本格的入門書。（合原一幸）

数学文章作法　基礎編　結城浩
レポート・論文・プリント・教科書など、数式まじりの文章を正確で読みやすいものにするには？『数学ガール』の著者がそのノウハウを伝授！

フンボルト 自然の諸相
アレクサンダー・フォン・フンボルト
木村直司編訳
中南米オリノコ川で見たものとは？　植生と気候、緯度と地磁気などの関係を初めて認識した、ゲーテ自然学を継ぐ博物・地理学者の探検紀行。

新・自然科学としての言語学
福井直樹
気鋭の文法学者によるチョムスキーの生成文法解説書。文庫化にあたり旧著を大幅に増補改訂し、付録として黒田成幸の論考「数学と生成文法」を収録。

電気にかけた生涯
藤宗寛治
実験・観察にすぐれたファラデー、電磁気学にまとめたマクスウェル、ほかにクーロンやオームなど科学者十二人の列伝を通して電気の歴史をひもとく。

π の 歴 史
ペートル・ベックマン
田尾陽一／清水韶光訳
円周率だけでなく意外なところに顔をだすπ。ユークリッドやアルキメデスによる探究の歴史に始まり、オイラーの発見したπの不思議にいたる。

やさしい微積分
L・S・ポントリャーギン
坂本實訳
微積分の基本概念・計算法を全盲の数学者がイメージ豊かに解説。版を重ねて読み継がれる定番の入門教科書。練習問題・解答付きで独習にも最適。

フラクタル幾何学（上）
B・マンデルブロ
広中平祐監訳
「フラクタルの父」マンデルブロの主著。膨大な資料を基に、地理・天文・生物などあらゆる分野から事例を収集・報告したフラクタル研究の金字塔。

フラクタル幾何学（下）
B・マンデルブロ
広中平祐監訳
「自己相似」が織りなす複雑で美しい構造とは。その数理とフラクタル発見までの歴史を豊富な図版とともに紹介。

数 学 基 礎 論
前原昭二
竹内外史
集合をめぐるパラドックス、ゲーデルの不完全性定理からファジー論理、P＝NP問題などのより現代的な話題まで。大家による入門書。　（田中一之）

工 学 の 歴 史
三輪修三
オイラー、モンジュ、フーリエ、コーシーらは数学者であり、同時に工学の課題に方策を授けていた。「ものつくりの科学」の歴史をひもとく。

幾何学基礎論
D・ヒルベルト
中村幸四郎訳
20世紀数学全般の公理化への出発点となった記念碑的著作。ユークリッド幾何学を根源まで遡り、斬新な観点から厳密に基礎づける。（佐々木力）

和算の歴史
平山諦
関孝和や建部賢弘らのすごさと弱点とは。そして和算がたどった歴史とは。和算研究の第一人者による簡潔にして充実の入門書。（鈴木武雄）

素粒子と物理法則
R・P・ファインマン／S・ワインバーグ
小林澈郎訳
量子論と相対論を結びつけるディラックのテーマを対照的に展開したノーベル賞学者による追悼記念講演。現代物理学の本質を堪能させる三重奏。

ゲームの理論と経済行動I（全3巻）
ノイマン／モルゲンシュテルン
銀林／橋本／宮本監訳
阿部／橋本訳
今やさまざまな分野への応用いちじるしい「ゲーム理論」の嚆矢とされる記念碑的著作。第I巻はゲームの形式的記述とゼロ和2人ゲームについて。

ゲームの理論と経済行動II
ノイマン／モルゲンシュテルン
銀林／橋本／宮本監訳
銀林／下島訳
第I巻でのゼロ和2人ゲームの考察を踏まえ、第II巻ではプレイヤーが3人以上の場合のゼロ和ゲーム、およびゲームの合成分解について論じる。

ゲームの理論と経済行動III
ノイマン／モルゲンシュテルン
銀林／橋本／宮本監訳
銀林／宮本訳
第III巻では非ゼロ和ゲームにまで理論を拡張。これまでの数学的結果をもとにいよいよ経済学的解釈を試みる。全3巻完結。（中山幹夫）

計算機と脳
J・フォン・ノイマン
柴田裕之訳
脳の振る舞いを数学で記述することは可能か？　現代のコンピュータの生みの親でもあるフォン・ノイマン最晩年の考察。新訳。（野﨑昭弘）

数理物理学の方法
J・フォン・ノイマン
伊東恵一編訳
多岐にわたるノイマンの業績を展望するための文庫オリジナル編集。本巻は量子力学・統計力学など物理学の重要論文四篇を収録。全篇新訳。

作用素環の数理
J・フォン・ノイマン
長田まりゑ編訳
終戦直後に行われた講演「数学者」と、「作用素環について」I～IVの計五篇を収録。一分野としての作用素環論を確立した記念碑的業績を網羅する。

物語数学史　小堀憲

古代エジプトの数学から二十世紀のヒルベルトまでの数学の歩みを、日本の数学「和算」にも触れつつ一般向けに語った通史。（菊池誠）

確率論の基礎概念　A・N・コルモゴロフ　坂本實訳

確率論の現代化に決定的な影響を与えた『確率論の基礎概念』に加え、有名な論文「確率論における解析的方法について」を併録。全篇新訳。

雪の結晶はなぜ六角形なのか　小林禎作

雪が降るとき、空ではどんなことが起きているのだろう。自然が作りだす美しいミクロの世界を、科学の目でのぞいてみよう。（菊池誠）

数学史入門　佐々木力

古代ギリシャやアラビアに発する微分積分学のダイナミックな形成過程を丹念に跡づけ、数学史の醍醐味をわかりやすく伝える書き下ろし入門書。

ガロワ正伝　佐々木力

最大の謎、決闘の理由がついに明かされる！　難解なガロワの数学思想をひもといた後世の数学者たちにも迫った、文庫版オリジナル書き下ろし。

ブラックホール　佐藤文隆　R・ルフィーニ

相対性理論から浮かび上がる宇宙の「穴」。星と時空の謎に挑んだ物理学者たちの奮闘の歴史と今日的課題に迫る。写真・図版多数。

自然とギリシャ人・科学と人間性　エルヴィン・シュレーディンガー　水谷淳訳

量子力学の発展は私たちの自然観・人間観にどのような変革をもたらしたのか。『生命とは何か』に続く晩年の思索。文庫オリジナル訳し下ろし。

数学をいかに使うか　志村五郎

「何でも厳密に」などとは考えてはいけない」——。世界的数学者が教える「使える」数学とは。文庫版オリジナル書き下ろし。

数学の好きな人のために　志村五郎

世界的数学者が教える「使える」数学第二弾。非ユークリッド幾何学、リー群、微分方程式論、ド・ラームの定理など多彩な話題。

ちくま学芸文庫

ゲルファント やさしい数学入門
関数とグラフ

二〇一七年二月十日 第一刷発行

著者 I・M・ゲルファント
E・G・グラゴレヴァ
E・E・シノール

訳者 坂本 實（さかもと・みのる）

発行者 山野浩一

発行所 株式会社 筑摩書房
東京都台東区蔵前二―五―三 〒一一一―八七五五
振替〇〇一六〇―八―四一二三

装幀者 安野光雅

印刷所 大日本法令印刷株式会社

製本所 株式会社積信堂

乱丁・落丁本の場合は、左記宛に御送付下さい。
送料小社負担でお取り替えいたします。
ご注文・お問い合わせも左記へお願いします。
筑摩書房サービスセンター
埼玉県さいたま市北区櫛引町二―六〇四 〒三三一―八五〇七
電話番号 〇四八―六五一―〇〇五三

ISBN978-4-480-09782-8 C0141